全国高职高专教育土建类专业教学指导委员会规划推荐教材

室内设计工程制图

（室内设计专业适用）

本教材编审委员会组织编写

裴斐 主编

陶然 邹海英 副主编

季翔 主审

U0312229

中国建筑工业出版社

图书在版编目（CIP）数据

室内设计工程制图／裴斐主编 .—北京：中国建筑工业出版社，2015.12
全国高职高专教育土建类专业教学指导委员会规划推荐教材
（室内设计专业适用）
ISBN 978-7-112-18929-8

Ⅰ.①室… Ⅱ.①裴… Ⅲ.①室内装饰设计－建筑制图－高等
职业教育－教材 Ⅳ.① TU238

中国版本图书馆CIP数据核字（2015）第320039号

本书根据最新高等职业教育室内设计专业教学基本要求编写而成。注重从学生的学习思维模式出发，以应用为目的。

本书共10个教学单元，包括绪论，制图基本知识，投影基础知识，点、直线、平面的投影，基本体的投影，组合体的投影，轴测投影，房屋建筑图的图示原理，室内设计施工图，室内设计施工图识读与绘制。

本书教学结构为"项目（任务）引入——知识链接——项目（任务）实施——拓展项目（任务）——思考与讨论"五个步骤。并增设"相关链接"、"小技巧"、"请注意"等环节，为学习者提供了知识扩展的版块。另外，本书将所涉及的相关国家标准列入"相关链接"或给予提示，做到知识点有章可循。

本书可作为高职院校室内设计专业、建筑装饰设计专业、建筑设计技术专业及其相关专业的教材或参考用书，也可供有关工程技术人员参考。

责任编辑：杨　虹　朱首明　吴越恺
责任校对：赵　颖　刘　钰

全国高职高专教育土建类专业教学指导委员会规划推荐教材
室内设计工程制图
（室内设计专业适用）
本教材编审委员会组织编写
裴　斐　主　编
陶　然　邹海英　副主编
季　翔　主　审
＊
中国建筑工业出版社出版、发行（北京西郊百万庄）
各地新华书店、建筑书店经销
北京嘉泰利德公司制版
北京云浩印刷有限责任公司印刷
＊
开本：787×1092毫米　1/16　印张：14　字数：227千字
2016年5月第一版　2016年5月第一次印刷
定价：32.00元
ISBN 978-7-112-18929-8
（28087）

教材编审委员会名单

主　任：季　翔

副主任：马松雯　黄春波

委　员（按姓氏笔画为序）：

王小净　王俊英　冯美宇　刘超英　孙亚峰

李　进　杨青山　陈　华　钟　建　赵肖丹

徐锡权　章斌全

序 言

全国高职高专教育土建类专业教学指导委员会建筑类专业指导分委员会是住房和城乡建设部受教育部委托，由住房和城乡建设部聘任和管理的专家机构。其主要工作任务是，研究如何适应建设事业发展的需要设置高等职业教育专业，明确建设类高等职业教育人才的培养标准和规格，构建理论与实践紧密结合的教学内容体系，构筑"校企合作、产学结合"的人才培养模式，为我国建设事业的健康发展提供智力支持。

在住房和城乡建设部人事教育司和全国高职高专教育土建类专业教学指导委员会的领导下，自成立以来，全国高职高专教育土建类专业教学指导委员会建筑类专业指导分委员会的工作取得了多项成果，编制了建筑类高职高专教育指导性专业目录；在重点专业的专业定位、人才培养方案、教学内容体系、主干课程内容等方面取得了共识；制定了"建筑装饰技术"等专业的教育标准、人才培养方案、主干课程教学大纲；制定了教材编审原则；启动了建设类高等职业教育建筑类专业人才培养模式的研究工作。

全国高职高专教育土建类专业教学指导委员会建筑类专业指导分委员会指导的专业有建筑设计技术、室内设计技术、建筑装饰工程技术、园林工程技术、中国古建筑工程技术、环境艺术设计等6个专业。为了满足上述专业的教学需要，我们在调查研究的基础上制定了这些专业的教育标准和培养方案，根据培养方案认真组织了教学与实践经验较丰富的教授和专家编制了主干课程的教学大纲，然后根据教学大纲编审了本套教材。

本套教材是在高等职业教育有关改革精神指导下，以社会需求为导向，以培养实用为主、技能为本的应用型人才为出发点，根据目前各专业毕业生的岗位走向、生源状况等实际情况，由理论知识扎实、实践能力强的双师型教师和专家编写的。因此，本套教材体现了高等职业教育适应性、实用性强的特点，具有内容新、通俗易懂、紧密结合实际、符合高职学生学习规律的特色。我们希望通过这套教材的使用，进一步提高教学质量，更好地为社会培养具有解决工作中实际问题的有用人才打下基础。也为今后推出更多更好的具有高职教育特色的教材探索一条新的路子，使我国的高职教育办的更加规范和有效。

全国高职高专教育土建类专业教学指导委员会建筑类专业指导分委员会

前　言

本书根据最新发布执行的《房屋建筑制图统一标准》GB/T 50001—2010、《建筑制图标准》GB/T 50104—2010、《总图制图标准》GB/T 50103—2010，并结合最新高等职业教育室内设计专业教学基本要求编写而成。注重从高职学生的学习思维模式出发，"弱理论、重实践"，以应用为目的。本书共分10个教学单元，期中教学单元1绪论，主要叙述本课程性质、目的、任务及学习方法；教学单元2～7制图的基本理论部分，对制图工具及仪器使用、投影的基本理论、方法及其应用给予讲解；教学单元8房屋建筑图的图示原理，了解建筑施工图的形成、绘制内容、识读方法等；教学单元9～10室内工程图的识读与制图，以项目教学为主，每个项目又下设3～4个任务，项目全部为真实案例，最大限度让学生在模拟现实中体会室内设计工程制图课程的意义。其中，教学单元2～8以任务驱动为主要教学方法，教学单元9～10以项目驱动为主要教学方法。

本书具有以下特色：

1. 本书在内容上严格控制，最大化降低难度，可以满足各阶层初学者的使用。

2. 采用五步教学结构：项目（任务）引入——知识链接——项目（任务）实施——拓展项目（任务）——思考与讨论。

3. 为了提高学习者学习兴趣和知识内容的扩充，增设了"相关链接"、"小技巧"、"请注意"等环节。

4. 室内工程制图与识图部分引用真实案例，并在项目（任务）实施环节，模拟实际工作过程，将理论知识与实际应用合理对接。

5. 为了锻炼制图能力，在拓展任务中设计了多种类型的习题，供学习者练习。

本书由裴斐主编，参加编写的有：黑龙江建筑职业技术学院裴斐（教学单元1、教学单元3～6、教学单元9）、黑龙江建筑职业技术学院陶然（教学单元2中的2.3、2.4，教学单元7中的7.3、7.4，教学单元8中的8.1、8.6，教学单元10）、湖南城建职业技术学院邹海鹰（教学单元2中的2.1、2.2，教学单元7中的7.1、7.2，教学单元8中的8.2～8.5），全书由裴斐统稿。

本书在编写过程中得到了李宏、张波、张旭东、徐强、韩文杰的大力支持与帮助，谨此深表感谢。

由于编者水平有限，本书难免有疏漏之处，敬请读者批评、指正。

编者
2015年1月

目 录

1

教学单元 1　绪　论

教学目标：

1. 了解房屋建筑工程图的分类及作用。
2. 了解室内设计工程制图的基本内容。
3. 了解本课程的学习目的和任务。
4. 了解本课程的学习方法。

1.1　房屋建筑工程图的分类和作用

房屋建筑工程图是在初步设计完成的前提下，对施工技术要求给予更为具体的细化，为施工安装、编制工程预算、购买材料和设备、制作非标准配件等，提供完整的、正确的图样依据。一套完整的房屋建筑工程图，按其内容和工种不同可分为：

1. 建筑施工图

基本图纸包括建筑总平面图、建筑平面图、建筑立面图、建筑剖面图及建筑详图等。主要表达建筑内部布局，外部装修，外观造型，施工要求等。

2. 结构施工图

基本图纸包括基础平面图、基础详图、结构平面图、楼梯结构图和结构详图等。主要表达承重结构的布置方式，结构构件类型等。

3. 室内设计施工图

基本图纸包括平面布置图、顶棚平面图、地面铺装图、立面图和详图等。主要表达室内布局、室内墙面、地面、顶棚装饰、陈设品摆放等。

4. 设备施工图

基本图纸包括给水排水、采暖通风、电器照明等设备的平面布置图、系统图和施工详图等。主要表达管道的布置和走向、构件做法和加工安装要求，电器线路走向及安装要求等。

在以上四种工程图中，室内设计施工图将作为本书研究的重点内容。

1.2　室内设计工程制图概述

室内设计工程制图是研究识读和绘制室内工程图样的一门学科。在室内设计工程中，无论是大型商场、酒店室内设计，还是小户型家居设计都需要完整、详细的工程图样给予施工上的指导。工程图样也是工程设计技术人员表达设计与技术思想的重要工具，是工程建设中重要的技术资料，是设计者与施工者交流的媒介，是设计者与客户之间沟通的桥梁。工程图样被誉为"工程界的语言"，作为"语言"交流应做到无障碍，因此，规范性尤为重要。由于我国并未对室内设计工程制图制定专门国家规范，为此，本书编写将依据《建筑制图规范》

GB/T 50104—2010、《房屋建筑制图统一标准》GB/T 50001—2010 等最新建筑国标中所涉及室内设计工程制图的相关规定，并结合室内设计自身特点，指导教学。

1.3　室内设计工程制图课程的目的和任务

1. 学习目的

通过本课程学习使学生能够读懂并正确表达室内设计工程图。并通过实践，培养学生的空间想象能力。

2. 学习任务

（1）掌握国家建筑工程图相关标准。

（2）制图工具及仪器的正确使用。

（3）基本几何图形的绘制方法。

（4）投影法的基本理论及其应用。

（5）培养空间想象能力，二维图形与三维形体的转换。

（6）培养建筑施工图识图能力。

（7）培养室内设计工程图识图及绘图能力。

（8）培养分析问题和解决问题的能力。

（9）培养认真负责的工作态度和一丝不苟的工作作风。

1.4　室内设计工程制图课程的学习方法

本课程主要包括制图的基本知识、投影、室内设计工程制图三部分。其中，制图的基本知识和投影为基础理论，系统性很强，主要完成制图工具的使用、三维形体与二维图形之间的转换等。室内设计工程制图是对投影的现实应用，实践性较强，是本课程的核心知识内容。为了使学生们更好地完成课程学习，现针对本课程内容提出几点学习方法，仅供参考。

1. 提高空间想象能力

培养空间想象能力，即通过二维图形可以想象三维形体，反之可将三维形体用二维图形来表达。最初可以利用简单的基本几何体或是借助模型完成三维形体与二维图形的转换，通过训练逐步完成较为复杂组合体与图形的转换。空间想象能力是学好室内设计工程制图的关键。

2. 遵守国家标准

本课程严格按照国家相关建筑制图标准进行教学。图纸上的图形、图线、文字、符号等都有明确的规定，并不能随心所欲。因此学生们在制图和读图的过程中，应积极参照制图相关国家标准，做到准确、规范。

3. 制图与读图相结合

在投影训练时，学生们应将图形分析与制图过程有机结合。在室内设计工程制图时，应先读懂原图设计意图及各个符号表达的内容，然后动手绘制图纸。

4. 加强课后训练

本课程实践性很高。因此，除了做到课前预习、课上练习外，还应加强课后的训练。特别是投影部分，涉及二维图形与三维形体转换，为快速提高空间想象能力，必须增加课后习题量。与此同时，在训练中还应逐渐提高绘图速度，做到制图快速、准确。

5. 提高自我学习能力

自我学习能力和独立工作能力是一名设计工作者应具备的基本能力。只有做好课前预习，找到问题，并带着问题去学习、听课，才能提高学习效果。

6. 认真的学习态度

工程制图是施工的依据。图上的每一处细节都决定了工程最终的完成效果及质量。因此，学生们在学习初始就应该严格要求自己，按照国家相关制图标准进行绘图，培养认真负责的学习态度和严谨细致的工作作风。

室内设计工程制图

2

教学单元 2　制图基本知识

教学目标：

1. 掌握制图工具及仪器的使用。
2. 掌握图线的用途与画法。
3. 掌握图纸幅面规格及表达形式。
4. 掌握图样上文字的书写方法。
5. 掌握尺寸标注组成及各类图形的标注方法。
6. 利用制图工具及仪器完成几何作图及平面图形的绘制。

2.1 制图工具与仪器

任务引入：

在室内设计中，设计师为了营造空间氛围常常用一些抽象图案装饰墙面，如图 2—1 所示。试想一下，如果将图形移植到纸面上应该如何绘制？应该运用哪些工具及仪器帮助我们完成呢？

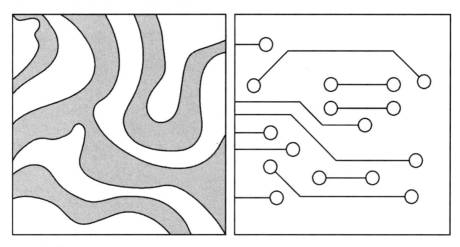

图 2—1　装饰图案

本节我们的任务是了解制图工具和仪器的种类及使用方法，并完成简单图形的绘制。

知识链接：

学习制图，首先要了解制图工具及仪器的种类及性能，熟练地掌握工具及仪器的使用方法，是快速高效、保证绘图质量的关键。常用的制图工具及仪器有图板、丁字尺、三角板、绘图铅笔、针管笔、比例尺、圆规、分规、擦图片、曲线板和曲线尺等。

2.1.1 图板

图板是制图时的垫板，用来固定图纸，如图 2—2 所示。其规格分为 0

号（900mm×1200mm）、1 号（600mm×900mm）、2 号（450mm×600mm）、3 号（300mm×450mm）。图板放在桌面上，板身宜与水平桌面成 10°～15°倾斜，要求板面应平坦、光洁。

图板由四个边构成，其中两个短边为工作边，必须保持平整。图板不可用水刷洗和在日光下曝晒，以防变形，不用时，以竖放保管为宜。

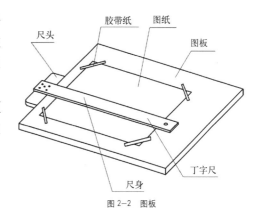

图 2-2　图板

2.1.2　丁字尺

丁字尺是绘制水平线和配合三角板制图的工具。

丁字尺由相互垂直的尺头和尺身组成，尺身要牢固地连接在尺头上，尺头的内侧面必须平直，如图 2-3 所示。

作图时，左手把住尺头，使它始终紧靠图板左侧，不可以在图板的其他边滑动，以避免因图板各边不成直角，而造成所绘直线不准确，如图 2-3（a）所示。然后上下移动丁字尺，直至工作边对准要画线的地方，再从左向右画水平线，如图 2-3（b）所示。画较长的水平线时，可把左手滑过来按住尺身，以防止尺尾翘起和尺身摆动，如图 2-3（c）所示。丁字尺用完后，宜竖直挂起来，以避免尺身弯曲变形或折断。

2.1.3　三角板

一副三角板有 30°、60°直角三角板和 45°等腰直角三角板两种规格。

三角板除了直接用来绘制直线外，还可以配合丁字尺绘制铅垂线和与水平线成 15°整倍数（30°、45°、60°、75°）的斜线，如图 2-4（a）所示。画铅垂线时，先将丁字尺移动到所绘图线的下方，把三角板放在应画线的右方，并使一直角边紧靠丁字尺的工作边，然后移动三角板，直到另一直角边对准要画线的地方，再用左手按住丁字尺和三角板，自下而上画线，如图 2-4（b）所示。

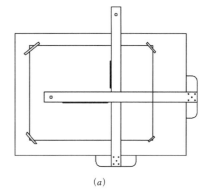

（a）

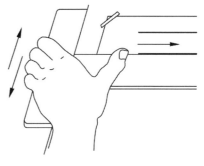

（b）

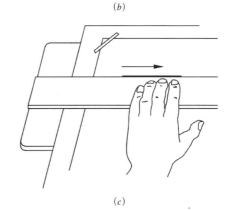

（c）

图 2-3　丁字尺的使用方法

（a）丁字尺错误的使用方法；（b）上下推动丁字尺；（c）画长线

2.1.4　绘图笔

1. 铅笔

绘图铅笔用 H、B 标明不同的硬度。标号 B、2B…6B 表示软铅芯，数字越大铅芯越软。标号 H、2H…6H 表示硬铅芯，数字越大铅芯越硬。标号 HB 表示中软。画底稿宜用 H 或 2H，徒手作图可用 HB 或 B，加重直线用 H 或 HB（细线）、HB（中粗线）、B 或 2B（粗线）。铅笔尖应削成锥形，铅芯露出 6～8mm。削铅笔时要注意保留有标号的一端，以便始终能识别其软硬度，如图 2-5 所示。

使用铅笔绘图时，用力要均匀，用力过大会划破图纸或在纸上留下凹痕，甚至折断铅芯。画长线时要边画边转动铅笔，使线条粗细一致。持笔的姿势要自然，笔尖与尺边距离始终保持一致，线条才能画得平直准确。

2. 针管笔

针管笔又称绘图墨水笔，是用来描图或在图纸上绘制墨线的仪器。它的笔尖是一支细的不锈钢针管，能像普通钢笔一样吸取墨水。笔尖的管径从 0.1～1.2mm，有多种规格，可根据线型粗细而选用，如图 2-6 所示。

使用时，笔尖倾斜纸面 10°～15°，握笔要稳，用力均匀；制图顺序先上后下、先左后右、先曲后直、先细后粗；用较粗的针管笔作图时，落笔及收笔均不应有停顿；若长期不用，应洗净针管中残存的墨水。

用吸水针管笔绘图时应注意如不能按照要求正确地使用和清洗针管笔头，会造成漏水和笔头堵塞情况的出现，给制图人员带来困扰。目前，市场上有一种草图笔可以代替吸水针管笔，又称一次性针管笔。笔头为尼龙质地，不用吸取墨水且不会造成笔头堵塞，使用方法与针管笔相同。

2.1.5 比例尺

又称"三棱尺"。要把室内设计方案表达在图纸上，必须按一定的比例缩小。比例尺是用来缩小（也可用来放大）图形用的。常用的比例尺是三个面上刻有六种比例的三棱尺，单位为"m"，如图 2-7 所示；也有直尺形状的比例尺，叫做比例直尺。常用的百分比例尺有 1：100、1：200、1：500；常用的千分比例尺有 1：1000、1：2000、1：5000。

我们在绘图时，不需通过计算，可以直接用它在图纸上量得实际尺寸。如已知图形的比例是 1：100，画出一长度为 1500mm 的线段，就可用比例尺上 1：100 的刻度去量取 15，即可得长度 1.5m 的线段，即 1500mm。

2.1.6 圆规和分规

1. 圆规

圆规是用来画圆及圆弧的工具。圆规的一腿为可固定

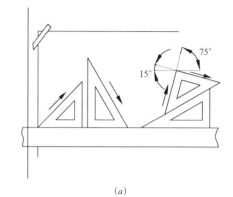

（a）

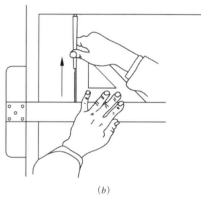

（b）

图 2-4　三角板的使用方法
（a）绘制 15°整倍斜线；（b）绘制垂直线

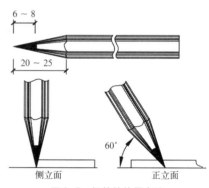

图 2-5　铅笔的使用方法

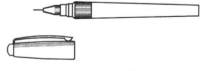

图 2-6　针管笔

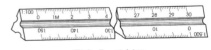

图 2-7　比例尺

紧的活动钢针。另一腿上附有插脚，根据不同用途可换上钢针插脚、铅芯插脚、鸭嘴插脚、接长杆（供画大圆用），如图2-8所示。

使用时，先将圆规两脚分开，使铅芯与针尖的距离等于所画圆或圆弧的半径；然后，令针尖对准圆心，用右手的拇指与食指夹住圆规帽头，顺时针方向转动圆规。整个圆或圆弧应一次画完，如图2-9（a）所示。

绘制较大圆或圆弧时，可将圆规两脚与纸面垂直，或使用接长杆，如图2-9（b）所示。

2. 分规

分规是截量长度和等分线段的工具。它的两条腿必须等长，两针尖合拢时应会合成一点。分规可以在尺上量取所画线段尺寸，也可在直线上截取任意长度，或等分已知线段及圆弧，如图2-10所示。

2.1.7　制图模板

模板上刻有尺寸及各种不同的图例和符号的孔洞，如图2-11所示。其大小符合一定比例，只要用绘图笔沿着孔洞画一周即可完成所需图形。

2.1.8　擦图片

擦图片，又称擦线板，为擦去铅笔制图过程不需要的稿线或错误图线，并保护邻近图线完整的一种制图辅助工具，质地为不锈钢，厚度大约0.3mm左右，如图2-12所示。

2.1.9　曲线板和曲线尺

1. 曲线板

曲线板是用来画非圆曲线的工具。绘图时，先确定所画曲线上的若干点，用铅笔徒手顺着各点流畅地画出，然后选用曲线板上曲率合适的部分，分几段逐步描深，每段至少应有3个以上的点与曲线板吻合，如图2-13所示。

2. 曲线尺

曲线尺是较为方便的绘制曲线的工具。曲线尺可根据所绘曲线的形式进行弯曲，制图人员便可一次性完成曲线绘制，如图2-14所示。

任务实施：

1. 任务内容：参见图2-1，设计两款壁纸图样。

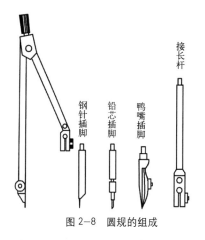

图2-8　圆规的组成

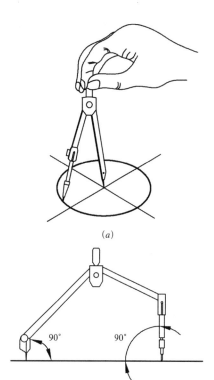

(a)

(b)

图2-9　圆规的使用方法
(a)普通圆画法；(b)大圆或圆弧画法

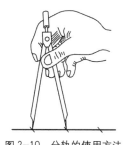

图2-10　分轨的使用方法

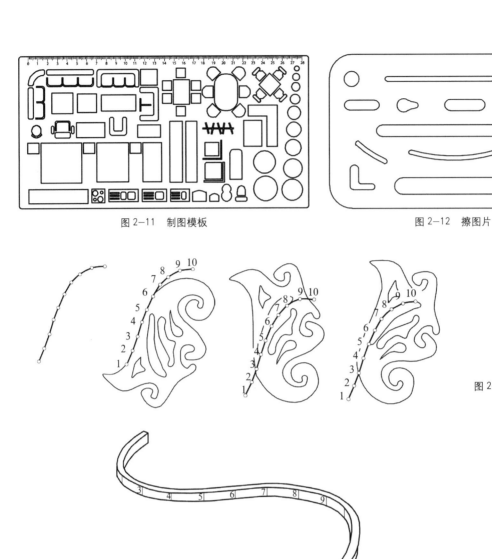

图 2-11 制图模板

图 2-12 擦图片

图 2-13 曲线板的使用方法

图 2-14 曲线尺

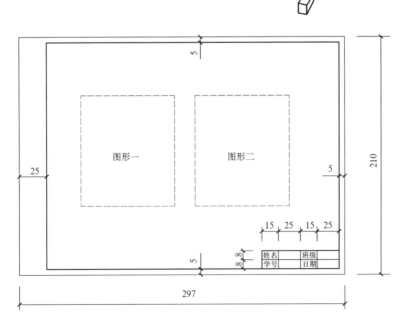

图 2-15 图框尺寸要求

2．任务要求

（1）图形要求：一款壁纸图样以曲线为主；另一款以直线为主。

（2）图纸规格：A4 绘图纸（210mm×297mm）。

（3）图框尺寸要求：如图 2-15 所示。

（4）字体：所有字应用长仿宋体书写，禁止随意字体。

（5）保持图面整洁、图线清晰，充分合理利用各种制图工具。

思考与讨论：

谈一谈，在绘制壁纸图案时你运用了哪些制图工具和仪器，它们都具有哪些特点？

2.2　制图标准的基本规定

任务引入：

如图 2-16 所示，图纸中有多种线型出现，如细实线、粗实线、单点长画线、折断线等。为什么一张图纸内要画不同类型的线条呢？每种线型在工程图中都具有哪些意义呢？

本节我们的任务是依据中华人民共和国国家标准的相关规定，学习并掌握图纸幅面规格与图纸编号编排顺序、图线、字体、比例和尺寸标准等相关内容。并结合所学知识，完成图样临摹。

知识链接：

为便于绘制、阅读和管理工程图样，中华人民共和国住房和城乡建设部、

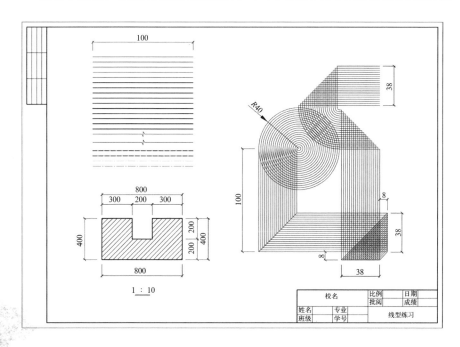

图 2-16　线型练习

中华人民共和国国家质量监督检验检疫总局联合发布了有关制图国家标准。本节内容主要介绍国家制订的《房屋建筑制图统一标准》GB/T 50001—2010（以下简称国标）和《建筑制图标准》GB/T 50104—2010 中有关图幅、图线、字体、尺寸标注、比例等相关规定。

2.2.1　图纸幅面

图纸幅面是指图纸宽度与长度组成的图面，也就是图纸的大小。所有图纸的幅面均是以整张纸对裁所得。整张纸为 0 号图幅，1 号图是 0 号图的对裁，2 号图是 1 号图的对裁，以此类推，如图 2-17 所示。为使图纸整齐划一，同一项工程的图纸，不宜多于两种幅面。

图纸上绘图范围的界限称为图框。图框根据图幅的方向可分为横式和立式，图 2-18 所示。

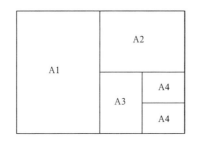

图 2-17　图幅

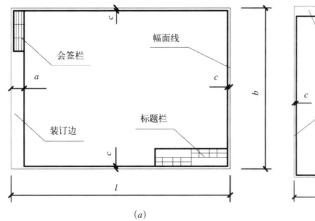

(a)

(b)

图 2-18　图框的格式
(a) 横式图框；
(b) 立式图框

图纸的幅面及图框尺寸应符合表 2-1 的规定。

图纸幅面及图框尺寸（mm）　　　　　表2-1

尺寸代号 幅面代号	A0	A1	A2	A3	A4
$b \times l$	841×1189	594×841	420×594	297×420	210×297
c	10			5	
a	25				

2.2.2 标题栏和会签栏

1. 标题栏

标题栏位于图纸的右下角，是用来填写工程名称、设计单位、图名、图纸编号等内容。其尺寸和分区格式，如图2-19所示。边框用粗实线绘制，分格线用细实线绘制。

2. 会签栏

会签栏是指工程建设图纸上由会签人员填写的有关专业、姓名、日期等的一个表格。其尺寸和分区格式，如图2-20所示。

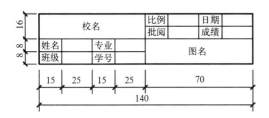
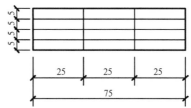

图2-19 标题栏（左）

图2-20 会签栏（右）

2.2.3 图线

1. 线型与线宽

任何一张工程图纸都是由不同类型、不同线宽的图线组成的。这些图线在图纸中表达不同的含义和内容。同时，类型各异的图线也使得图样层次分明，便于读图，也增加了图样的美感。

图线的宽度 b，宜从1.4、1.0、0.7、0.5、0.35、0.25、0.18、0.13mm线宽系列中选取，图线的宽度不应小于0.1mm。每个图样，应根据复杂程度与比例大小，先选定基本线宽 b，再选用表2-2中相应的线宽组。

线宽组（mm）　　　　　　　　　　　　　　表2-2

线宽比	线宽组			
b	1.4	1.0	0.7	0.5
$0.7b$	1.0	0.7	0.5	0.35
$0.5b$	0.7	0.5	0.35	0.25
$0.25b$	0.35	0.25	0.18	0.13

在《房屋建筑制图统一标准》GB/T 50001—2010中对线型、线宽和用途做了规定，结合室内设计工程图特点总结如下，见表2-3。

图线线型、线宽与用途　　　　表2-3

名称		线型	线宽	用途
实线	粗	——————	b	1.主要可见轮廓线； 2.平、立面图墙体外轮廓线； 3.详图中主要部分的断面轮廓线和外轮廓线； 4.剖切符号； 5.图框、标题栏、会签栏外轮廓线
	中	——————	$0.5b$	1.可见轮廓线； 2.平、立、剖面图中一般构配件的轮廓线； 3.尺寸起止符号
	细	——————	$0.25b$	1.图例线； 2.尺寸线、尺寸界线、引出线、标高线、索引符号、较小图形的中心线
虚线	粗	- - - - - -	b	（见有关专业制图标准）
	中	- - - - - -	$0.5b$	一般不可见轮廓线
	细	- - - - - -	$0.25b$	不可见轮廓线、图例填充线等
单点长画线	粗	— · — · — · —	b	起重机（吊车轨道线）
	中	— · — · — · —	$0.5b$	（见有关专业制图标准）
	细	— · — · — · —	$0.25b$	中心线、定位轴线、对称线
双点长画线	粗	— ·· — ·· —	b	（见有关专业制图标准）
	中	— ·· — ·· —	$0.5b$	（见有关专业制图标准）
	细	— ·· — ·· —	$0.25b$	假象轮廓线、成型前原始轮廓线
折断线	细	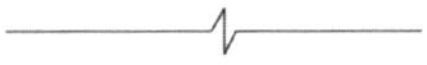 ——／\———	$0.25b$	部分省略表示时的断开界线
波浪线	细	 ～～～～	$0.25b$	1.部分省略表示时的断开界线，曲线形构件断开界限； 2.构造层次的断开界限

2．图线画法

图线绘制过程中应注意以下事项：

（1）相互平行的图例线，其净间隙或线中间隙不宜小于0.2mm。

（2）虚线、单点长画线或双点长画线的线段长度和间隔，宜各自相等。

（3）单点长画线或双点长划线，当在较小图形中绘制有困难时，可用实线代替。

（4）单点长画线或双点长划线的两端，不应是点，应是线段交接。

（5）虚线与虚线交接或虚线与其他图线交接时，应是线段交接。虚线为实线的延长线时，不得与实线连接。

（6）图线不得与文字、数字或符号重叠、混淆。不可避免时，应首先保证文字等的清晰。

图线的正误画法见表2-4。

各种图线的正误画法　　　　　　　　表2-4

图线	正确	错误	说明
虚线	4~6　1	 - - - - - - - - - - - -	虚线线段长度一般为4~6mm，间隙约为1mm，不能太短，太密
单点长画线	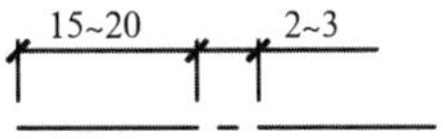 15~20　2~3		单点长画线线段长为15~20mm，间隙约为2~3mm，间隙中间画一段线段，而非点
两直线相接			两直线相接应画到交点处，不能画过也不能留有间隙
不同图线相交	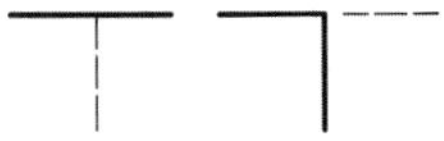		1.两虚线或虚线与直线相交，应是线段相交，相交处不应有间隙；2.虚线是直线的延长线时，应留有间隙
圆的中心线	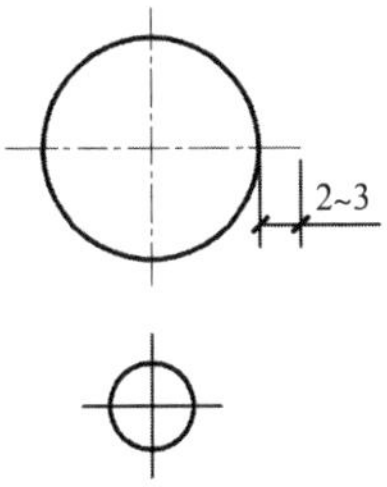 2~3	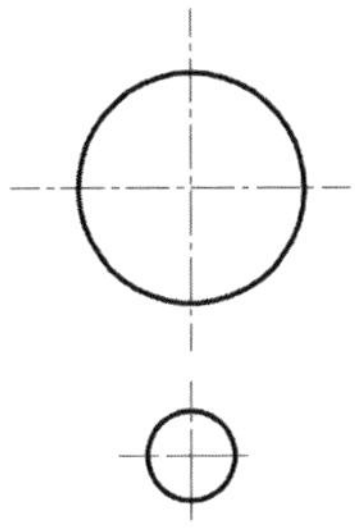	1.两单点长画线相交，应在线段处相交；2.单点长画线的起止点是线段而不是点；3.单点长画线应超出圆周2~3mm，且与圆周相交处应是线段；4.单点长画线很短时可用细实线代替
折断线与波浪线	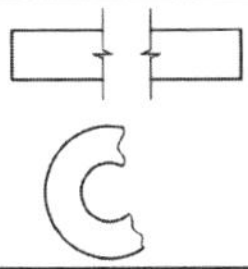	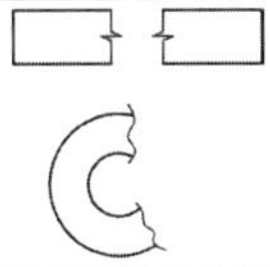	1.折断线两端应超出图形轮廓线；2.波浪线画到轮廓线为止，不要超出轮廓线

2.2.4　字体

文字与数字是用来表示尺寸标注、名称和说明设计要求的，是工程图纸不可缺少的一部分。

图纸的文字与数字，均应笔画清晰、字体端正、排列整齐。

1.汉字

图样及说明中的汉字，宜采用长仿宋体或黑体，同一图纸字体的种类不应超过两种，如图2-21所示。长仿宋体的高宽关系应符合表2-5的规定，其中字体的大小用字号表示，字号又以长仿宋字的高度确定，如字高为10，则字号为10号。一般字号不应小于3.5号。黑体字的宽度与高度相同。

大标题、图册封面、地形图等的汉字，也可书写成其他字体，但应易于辨认。

长仿宋字高宽关系（mm）					表2-5
字高（字号）	20	14	10	7	5	3.5
字宽	14	10	7	5	3.5	2.5

2．数字和字母

拉丁字母、阿拉伯数字与罗马数字，可写成斜体或直体。如采用斜体，其斜度应是从字的底线逆时针向上倾斜75°，如图2-22所示。斜体字的高度和宽度应与相应的直体字相等。

拉丁字母、阿拉伯数字与罗马数字的字高，不应小于2.5mm。

图2-21 长仿宋字书写示例

图2-22 字母和数字书写示例

2.2.5 比例

比例是图形与实物相对应的线性尺寸之比，即比例＝图形大小：实物大小。

比例的符号为"："，比例以阿拉伯数字表示。如1：100即表示将实物尺寸缩小100倍进行绘制。

比例注写在图名的右侧或下方，字的基准线应取平；比例的字高宜比图名的字高小一号或二号，如图2-23所示。

根据图样的用途和复杂程度，从表2-6中选择绘图比例。应优先采用常用比例，特殊情况下也可自选比例。一般情况下，一个图样应选用一种比例。

绘图所用的比例	表2-6
常用 比例	1：1、1：2、1：5、1：10、1：20、1：30、1：50、1：100、1：150、1：200、1：500、 1：1000、1：2000、1：5000、1：10000、1：20000、1：50000、1：100000、1：200000
可用 比例	1：3、1：4、1：6、1：15、1：25、1：40、1：60、1：80、1：250、1：300、 1：400、1：600

<u>平面图</u> 1:100 ⑥ 1:20

图2-23 比例的注写示例

> **请注意：**
> 无论采取放大或缩小的比例，图样上所注的尺寸必须是实际尺寸。

2.2.6 尺寸标注

图样只能表达设计物的基本形状，并不能完全指导施工，还应明确图样大小和各部分之间的相对位置，这就必须通过尺寸标注来完成。

1. 尺寸的组成

图样上的尺寸由尺寸界线、尺寸线、尺寸起止符号及尺寸数字四部分要素组成，如图2-24所示。

尺寸标注的具体规定见表2-7。

尺寸的排列与布置具体规定见表2-8。

尺寸标注的具体规定   表2-7

内容	说明	正确图例	错误图例
尺寸界线	1. 尺寸界线应用细实线绘制，应与被注长度垂直，其一端应离开图样轮廓线不小于2mm，另一端宜超出尺寸线2~3mm； 2. 图样轮廓线可用作尺寸界线	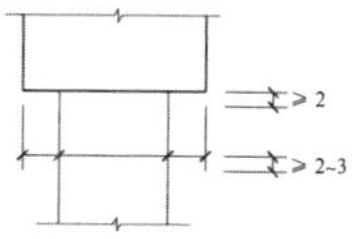	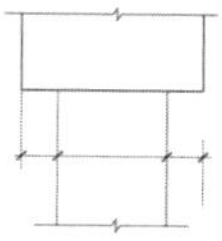
尺寸线	1. 尺寸线应用细实线绘制，应与被注长度平行； 2. 图样本身的任何图线均不得用作尺寸线	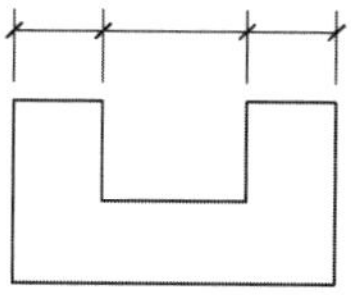	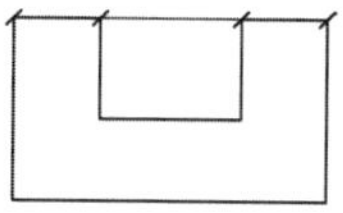
尺寸起止符号	1. 尺寸起止符号用中粗短线绘制，其倾斜方向应与尺寸界线成顺时针45°角，长度宜为2~3mm； 2. 半径、直径、角度与弧长的尺寸起止符号，宜用箭头表示	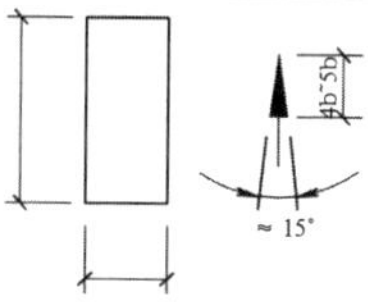	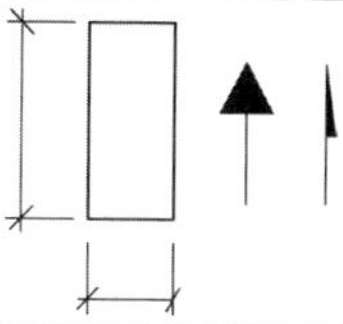
尺寸数字	1. 尺寸数字的方向应按正确图例*a*的规定注写； 2. 尺寸数字应依据其方向注写在靠近尺寸线的上方中部。如没有足够的注写位置，最外边的尺寸数字可注写在尺寸界线的外侧，中间相邻的尺寸数字可上下错开注写。引出线端部表示标注尺寸的位置，如正确图例*a*、*b*所示； 3. 若尺寸数字在30°斜线区内，也可按正确图例*c*的形式注写	 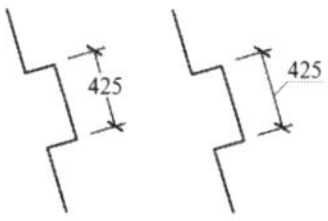 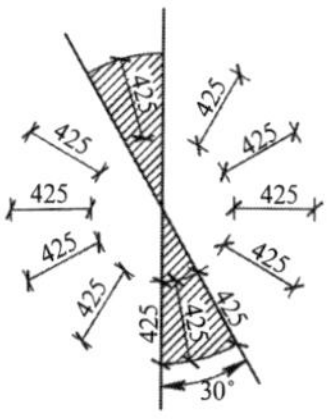	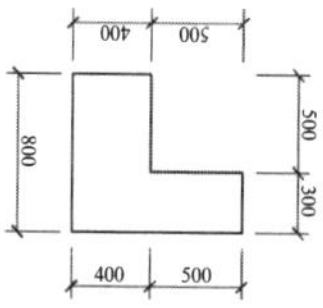

教学单元2 制图基本知识 **17**

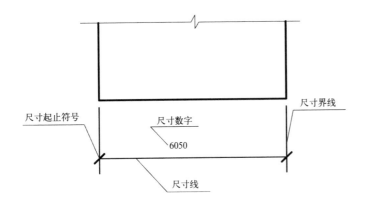

图 2-24 尺寸的组成

尺寸的排列与布置　　　　　　　　　　　　　　　　　表2-8

序号	说明	正确图例	错误图例
1	尺寸宜标注在图样轮廓以外，不宜与图线、文字及符号等相连		
2	互相平行的尺寸线，应从被注写的图样轮廓线由近向远整齐排列，较小尺寸应离轮廓线较近，较大尺寸应离轮廓线较远		
3	图样轮廓线以外的尺寸线，距图样最外轮廓之间的距离，不宜小于10mm。平行排列的尺寸线的间距，宜为7～10mm，并应保持一致		

　　2. 尺寸标注的一般原则

　　（1）图样中的尺寸单位，除标高及总平面以"m"为单位外，其他必须以"mm"为单位。

　　（2）图上所有尺寸数字的数值是物体的实际大小，与绘图比例和准确度无关。

　　（3）图样上的尺寸，应以尺寸数字为准，不得从图上直接量取。

　　（4）一般情况下，物体每一结构的尺寸只标注一次且标注在表示该结构最清晰的图形上为宜。

　　3. 半径、直径及球的尺寸标注

　　（1）半径

　　半径的尺寸线应一端从圆心开始，另一端画箭头指向圆弧。半径数字前

应加注半径符号"**R**",如图 2-25 所示。较小圆弧半径,可加引线,如图 2-26
所示。较大圆弧半径,可按图 2-27 所示进行标注。

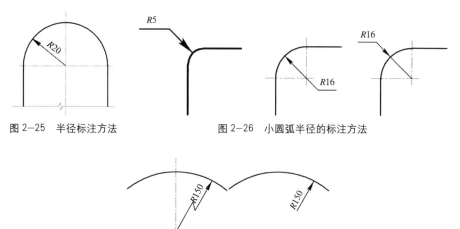

图 2-25 半径标注方法   图 2-26 小圆弧半径的标注方法

图 2-27 大圆弧半径
的标注方法

（2）直径

标注圆的直径尺寸时,直径数字前应加直径符号"**φ**"。在圆内标注的尺
寸线应通过圆心,两端画箭头指至圆弧,如图 2-28 所示。较小圆的直径尺寸,
可标注在圆外,如图 2-29 所示。

（3）球的尺寸标注

标注球的半径或直径尺寸时,应在尺寸数字前加注符号"**SR**"或"**Sφ**"。
注写方法与圆弧半径和圆直径的尺寸标注方法相同,如图 2-30 所示。

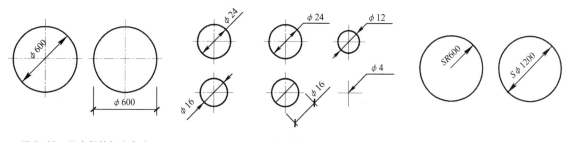

图 2-28 圆直径的标注方法   图 2-29 小圆直径的标注方法   图 2-30 球的标注方法

4．角度、弧度、弧长的尺寸标注

（1）角度

角度的尺寸线应以圆弧表示。该圆弧的圆心应是该角的顶点,角的两条
边为尺寸界线。起止符号应以箭头表示,如没有足够位置画箭头,可用圆点代
替,角度数字应沿尺寸线方向注写,如图 2-31 所示。

（2）弧度

标注圆弧的弧长时,尺寸线应以与该圆弧同心的圆弧线表示,尺寸界线
垂直于该圆弧的弦,起止符号用箭头表示,弧长数字上方应加注圆弧符号"⌒",

如图 2-32 所示。

(3) 弧长

标注圆弧的弦长时，尺寸线应以平行于该弦的直线表示，尺寸界线应垂直于该弦，起止符号用中粗斜短线表示，如图 2-33 所示。

5. 其他尺寸标注

(1) 在薄板板面标注板厚尺寸时，应在厚度数字前加厚度符号"t"，如图 2-34 所示。

(2) 标注正方形的尺寸，可用"边长 × 边长"的形式，也可以在边长数字前加正方形符号"□"，如图 2-35 所示。

(3) 标注坡度时，应加注坡度符号，该符号为单面箭头，箭头应指向下坡方向，坡度也可用直角三角形形式标注，如图 2-36 所示。

(4) 外形为非圆曲线的构件，可用坐标形式标注尺寸，如图 2-37 所示。

(5) 复杂的图形，可用网络形式标注尺寸，如图 2-38 所示。

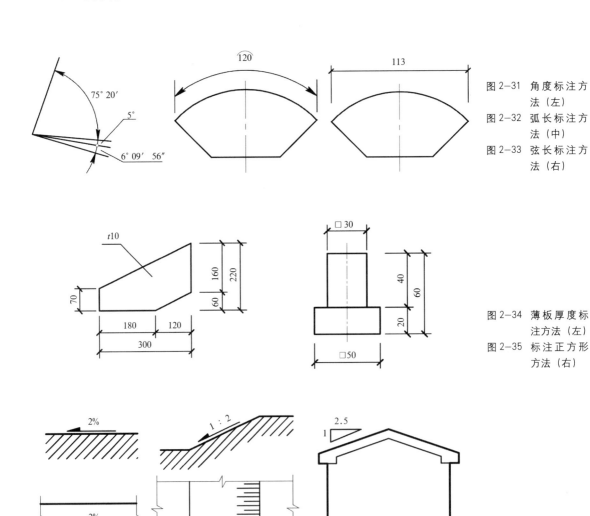

图 2-31 角度标注方法（左）

图 2-32 弧长标注方法（中）

图 2-33 弦长标注方法（右）

图 2-34 薄板厚度标注方法（左）

图 2-35 标注正方形方法（右）

图 2-36 坡度标注方法

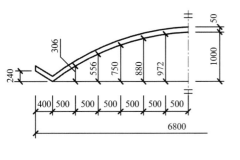

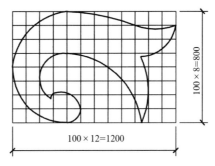

图 2-37 坐标法标注曲线尺寸(左)

图 2-38 网络法标注曲线尺寸(右)

任务实施：

1. 任务内容：临摹图 2-16。

2. 任务要求

(1) 图纸规格：A3 绘图纸 (420mm×297mm)。

(2) 图样参考尺寸：见图 2-39。(注意：最终完成图不需要标注参考尺寸，但 U 形零件尺寸需要标注。)

(3) 用绘图笔绘制。

(4) 保持图面整洁、图线清晰，合理利用各种制图工具。

图 2-39 线型练习参考尺寸

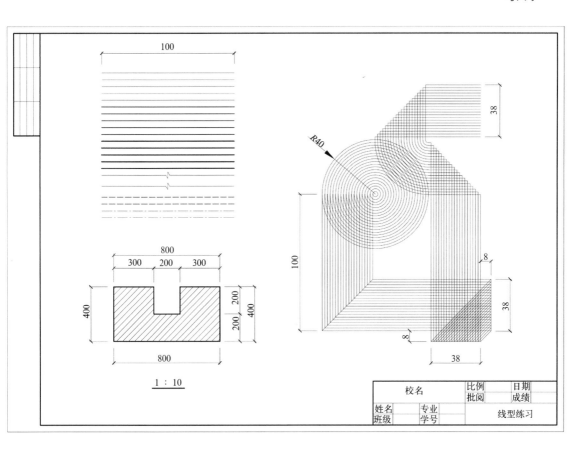

思考与讨论：

　　1. 图纸幅面有几种，不同幅面的图纸尺寸是多少？

　　2. 分别说明粗实线、中实线、细实线在工程制图中的用途？

　　3. 尺寸标注由哪几部分构成？

　　4. 一装饰构件的长度为 10m，如按 1 ： 50 制图，应在图纸上画多长的线？标注尺寸时，尺寸数字应为多少？

　　5. 半径用 R 表示，直径用什么符号表示？如果表示球的直径，应在数字前加什么符号？

2.3　几何作图及平面图形画法

任务引入：

　　我们生活中很多装饰物都是以曲线状态呈现。图 2-40 所示是一楼梯扶手的截面图样，外轮廓线由几个不同半径的圆弧组成，对于这样的几何图形，应该如何绘制呢？

图 2-40　扶手截面图

　　本节我们的任务是掌握各类几何图形的作图方法。

知识链接：

2.3.1　平行线和垂直线的画法

　　1. 绘制已知直线的平行线

　　过 C 点作直线 AB 的平行线。作图步骤如图 2-41 所示。

　　2. 绘制已知直线的垂直线

　　过 C 点作直线 AB 的垂直线。作图步骤如图 2-42 所示。

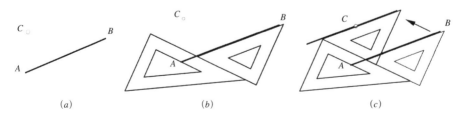

(a)　　　　　　　　　(b)　　　　　　　　　(c)

图 2-41　作直线的平行线

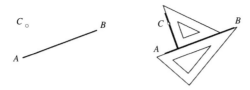

图 2-42 作直线的垂
直线

2.3.2 直线的等分画法

1. 任意等分直线段

在制图过程中常会遇到线段不能被等分段数整除的情况，为此需要通过作辅助线来完成线段的等分。

已知直线 *AB* 对其进行五等分，如图 2-43（*a*）所示。

作图方法：过点 *A* 作辅助直线 *AC*，且该直线可以被 5 整除，并对其进行等分，分割点为 1、2、3、4，如图 2-43（*b*）所示。连接 *BC*，分别过点 1、2、3、4 作 *BC* 的平行线，交 *AB* 与 1′、2′、3′、4′，完成对 *AB* 的五等分，如图 2-43（*c*）所示。

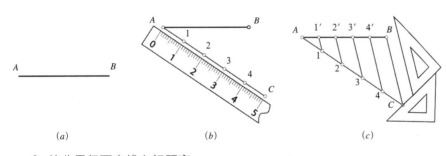

图 2-43 将直线 *AB* 五
等分

2. 等分平行两直线之间距离

已知直线 *AB* 和 *CD*，对其之间的距离进行五等分，如图 2-44（*a*）所示。

作图方法：在直线 *AB* 和 *CD* 之间作一条辅助线，使该辅助线两端与已知两直线相交，且长度能被 5 整除，并将其进行五等分，如图 2-44（*b*）所示。过分割点作直线 *AB* 或 *CD* 的平行线，即完成直线 *AB* 与 *CD* 之间距离的五等分，如图 2-44（*c*）所示。

图 2-44 等分平行两
直线之间的
距离

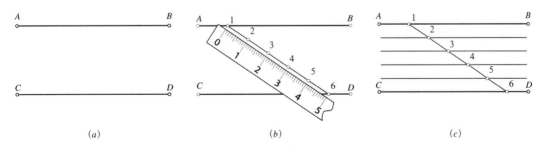

2.3.3 正多边形画法

1. 内接正六边形

已知半径为 *R* 的圆，做该圆的内接正六边形，如图 2-45（*a*）所示。

作图方法：如图 2-45（b）所示，以点 A 和点 D 为圆心，R 为半径做圆弧，分别与圆相交，交点为 B、C、E、F。依次将 A、B、C、D、E、F 各点连接，即为所求内接正六边形，如图 2-45（c）所示。

由于正六边形内角为 60°，因此可以利用三角板与丁字尺配合完成内接正六边形绘制，如图 2-45（c）所示。

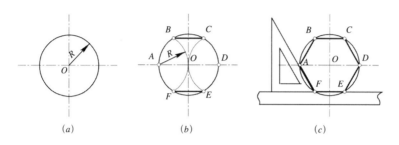

（a）　　　　　（b）　　　　　（c）

图 2-45 作圆的内接正六边形

2. 内接正五边形

已知半径为 R 的圆，做该圆的内接正五边形，如图 2-46（a）所示。

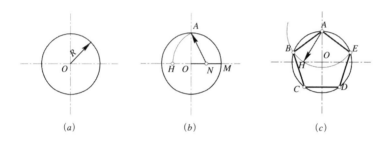

（a）　　　　　（b）　　　　　（c）

图 2-46 作圆的内接正五边形

作图方法：如图 2-46（b）所示，作出半径 OM 的等分点 N，以 N 为圆心，NA 为半径作圆弧，交直径于 H。以 AH 为半径画弧，将圆周五等分。依次连接各等分点 A、B、C、D、E，即为所求内接正五边形，如图 2-46（c）所示。

2.3.4 特殊矩形画法（根号矩形、黄金比矩形）

1. 根号矩形

根号矩形的长与宽分别为 $\sqrt{2} \times 1$，$\sqrt{3} \times 1$，……，或 $1 \times 1/\sqrt{2}$，$1 \times 1/\sqrt{3}$，……。

作图方法：

（1）已知短边求长边。设短边为 1，画正方形。对角线长即为 $\sqrt{2}$。$\sqrt{2}$ 的矩形对角线为 $\sqrt{3}$，以此类推，即得到各种根号矩形，如图 2-47（a）所示。

（2）已知长边求短边。设长边为 1，画正方形。以一角为圆心，边长为半径画弧，弧线与对角线相交，过交点做水平线，此水平线的高即为 $1/\sqrt{2}$，再画对角线与圆弧相交又得 $1/\sqrt{3}$，依次类推，得到所需各种根号矩形，如图 2-47（b）所示。

2. 黄金比矩形

黄金比矩形的长与宽的关系为：

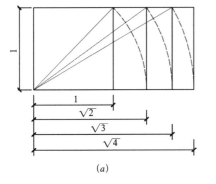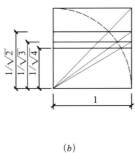

图 2-47 根号矩形的
绘制方法
(a) 已知短边求长边;
(b) 已知长边求短边

短边：长边＝长边：（短边＋长边）＝0.618。

（1）已知短边求长边。作边长为 1 的正方形 ABCD，MN 为正方形中线。以 M 为圆心，MD 为半径画弧，交 BC 延长线于 E，即 BE 为黄金比矩形边长，如图 2-48（a）所示。

（2）已知长边求短边。设长边 AB 为 1，作垂线取 BC=1/2AB，连接 AC。以 C 为圆心 CB 为半径画弧，交 AC 于 M，即 AM 为黄金比矩形边长。过 A 点作 AB 垂线 AE=AM，如图 2-48（b）所示。

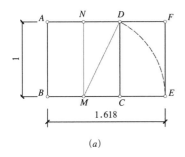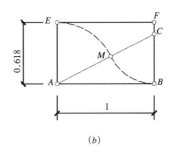

图 2-48 黄金比矩形
的绘制方法
(a) 已知短边求长边;
(b) 已知长边求短边

2.3.5 椭圆画法

常见的椭圆做法有两种，一种是同心法，另一种是四心法。

（1）同心法

已知椭圆的长轴 AB 和短轴 CD，用同心法绘制椭圆，如图 2-49（a）所示。

图 2-49 椭圆的绘制
方法——同
心法

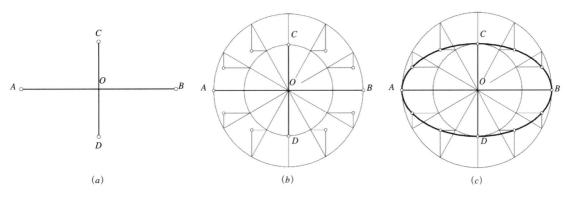

(a)　　　　　(b)　　　　　(c)

作图方法：分别以 *AB* 和 *CD* 为直径画圆，形成同心圆，并且等分两圆周为若干份。从大圆各等分点作垂线，与过小圆各对应等分点水平线相交，即得到椭圆上各点，如图 2-49 (*b*) 所示。用曲线板依次连接各点，得到所求椭圆，如图 2-49 (*c*) 所示。

(2) 四心法

已知椭圆的长轴 *AB* 和短轴 *CD*，用四心法绘制椭圆，如图 2-50 (*a*) 所示。

作图方法：连接 *AC*，以 *O* 为圆心，*OA* 为半径作圆弧，交 *CD* 延长线于点 *E*。以 *C* 为圆心，*CE* 为半径作圆弧，交 *AC* 于点 *F*，如图 2-50 (*b*) 所示。

作 *AF* 的垂直平分线分别交长轴于 O_1、短轴于 O_2。并在长轴上量取 $OO_1=OO_3$，短轴上量取 $OO_2=OO_4$，即求出四段圆弧的圆心，如图 2-50 (*c*) 所示。

分别以 O_1、O_2、O_3、O_4 为圆心，O_1A、O_2C、O_3B、O_4D 为半径作弧，切于 *G*、*K*、*H*、*J*，即得到所求椭圆，如图 2-50 (*d*) 所示。

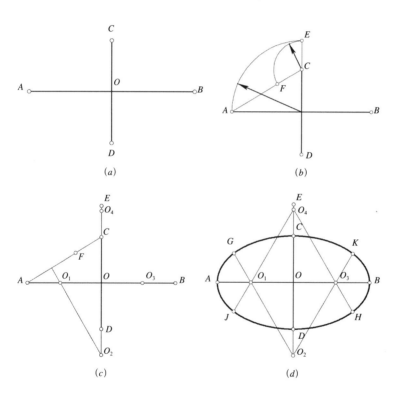

图 2-50 椭圆的绘制方法——四心法

2.3.6 圆弧连接

(1) 作圆弧通过一点并与一直线连接

已知圆弧半径 *R*、点 *K* 和直线 *AB*，如图 2-51 (*a*) 所示。

作图方法：作直线 *AB* 的平行线 *CD*，两直线间距为 *R*。以 *K* 为圆心，*R* 为半径，作弧交 *CD* 于点 *O*，如图 2-51 (*b*) 所示。

过 *O* 点作直线 *AB* 的垂线，垂足为 *T*，即 *T* 是切点。以 *O* 为圆心，*R* 为半径，画圆弧 *KT*，即为所求，如图 2-51 (*c*) 所示。

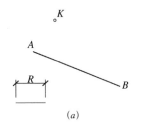
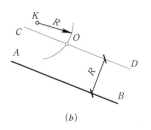
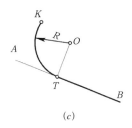

(a) (b) (c)

图 2-51 作半径为 R 的圆弧，通过点 K 并与直线 AB 相切

(2) 作圆弧与斜交二直线连接

已知圆弧半径 R 和斜交二直线 AB、CD，如图 2-52 (a) 所示。

作图方法：分别作出与直线 AB、CD 平行且间距为 R 的两直线，它们的交点为 O，点 O 即所求圆弧的圆心，如图 2-52 (b) 所示。

过 O 点分别做直线 AB、CD 的垂线，垂足为 T_1、T_2，即所求圆弧与已知直线的切点。以 O 为圆心，R 为半径，做圆弧 T_1T_2，即为所求，如图 2-52 (c) 所示。

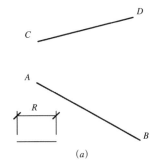
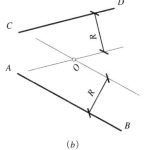
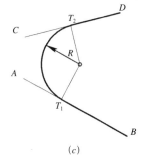

(a) (b) (c)

图 2-52 作半径为 R 的圆弧，连接斜交二直线 AB 和 CD

(3) 作圆弧与一直线和一圆弧连接

已知半径为 R_1 的圆弧、直线 AB 及连接圆弧半径为 R，如图 2-53 (a) 所示。

作图方法：做一条与直线 AB 平行且间距为 R 的直线 CD；以 O_1 为圆心，R_1+R 为半径作圆弧，与直线 CD 相交于点 O，即为所求圆弧圆心，如图 2-53 (b) 所示。

连接 OO_1 并交已知圆弧于 T_1，过 O 点作直线 AB 的垂线，垂足为 T_2。以点 O 为圆心，R 为半径作圆弧 T_1T_2，即为所求，如图 2-53 (c) 所示。

图 2-53 作半径为 R 的圆弧，连接直线 AB 和半径为 R_1 的圆弧

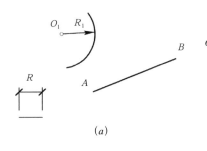
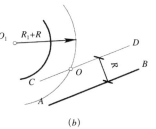
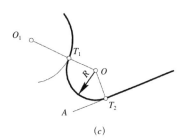

(a) (b) (c)

(4) 作圆弧与两已知圆弧内切连接

已知内切圆弧的半径 R 和半径为 R_1、R_2 的两已知圆弧,如图 2-54(a) 所示。

作图方法:分别以 O_1 和 O_2 为圆心,$R-R_1$ 和 $R-R_2$ 为半径做圆弧,两圆弧相交于点 O,如图 2-54(b) 所示。

延长 OO_1,交半径为 R_1 的圆弧于切点 T_1;延长 OO_2,交半径为 R_2 的圆弧于切点 T_2。以 O 为圆心,R 为半径,作圆弧 T_1T_2,即为所求圆弧,如图 2-54(c) 所示。

图 2-54 作圆弧与两已知圆弧内切连接

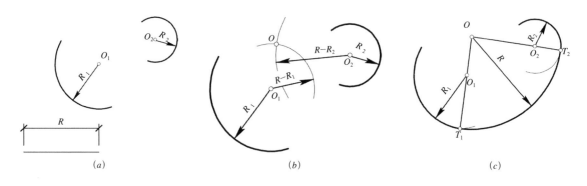

(5) 作圆弧与两已知圆弧外切连接

已知外切圆弧半径 R 和半径为 R_1、R_2 的两已知圆弧,如图 2-55 (a) 所示。

作图方法:分别以 O_1 和 O_2 为圆心,$R+R_1$ 和 $R+R_2$ 为半径做圆弧,两圆弧相交于点 O,如图 2-55 (b) 所示。

连接 OO_1,交半径为 R_1 的圆弧于切点 T_1;连接 OO_2,交半径为 R_2 的圆弧于切点 T_2。以 O 为圆心,R 为半径,作圆弧 T_1T_2,即为所求圆弧,如图 2-55 (c) 所示。

图 2-55 作圆弧与两已知圆弧外切连接

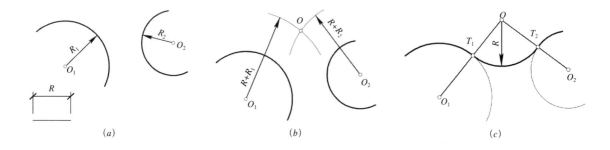

任务实施:

1. 任务内容:绘制楼梯扶手截面图形。

2. 任务要求

(1) 在练习本上完成图形绘制。

(2) 图样尺寸:参考图 2-56,按照 1:1 比例进行绘制。

(3) 用绘图笔绘制。

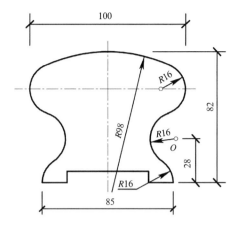

图 2-56 扶手截面图尺寸

（4）保持图面整洁、图线清晰，合理利用各种制图工具。

思考与讨论：

1. 当线段不能被等分段数整除时，那么如何对该线段进行等分操作？

2. 试想，如何作圆的内接正八边形？

3. 简述黄金比矩形的画法。

4. 椭圆的画法有几种？请简要说明作图过程。

2.4 拓展任务

1. 图线练习

（1）如图 2-57 所示，根据矩形已知线型，补画其余边长。

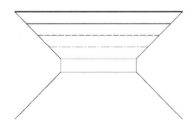

图 2-57 图线练习（一）

（2）按照 1：1 比例抄绘图 2-58 图样，按实际测量尺寸画出。

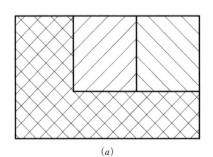

（a）

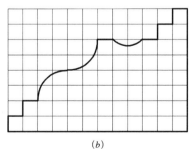

（b）

图 2-58 图线练习（二）

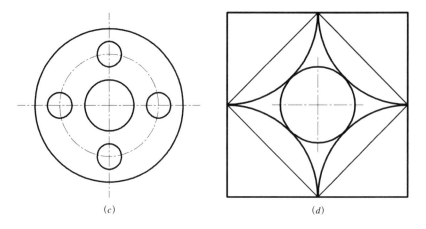

(c)   (d)

图 2-58 图 线 练 习
(二)（续）

2. 如图 2-59 所示，按照 1：1 比例量取图形尺寸，并进行标注。

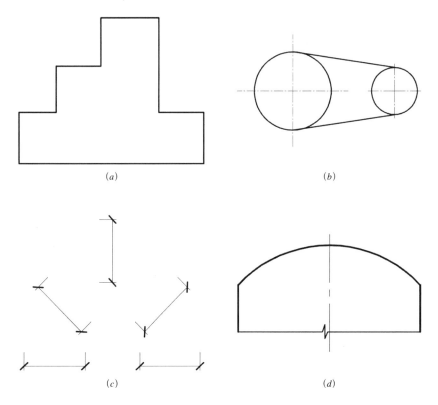

(a)   (b)

(c)   (d)

图 2-59 尺寸标注

3. 如图 2-60 所示，已知黄金比矩形的短边 *AB*，求作黄金比矩形。

A ——————— *B*

图 2-60 作黄金比矩形

4. 如图 2-61 所示，已知椭圆的长轴和短轴，求作椭圆。

图 2-61　作椭圆

5. 按照 1 ：2 比例求作以下几何图形，如图 2-62 所示。

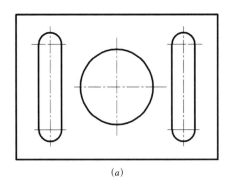

（a）

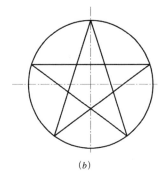

（b）

图 2-62　作几何图形

3

教学单元 3 投影基础知识

教学目标：

1. 掌握投影的概念、形成与分类。
2. 能够选择、应用不同的投影法表达物体。
3. 掌握正投影的基本特性。
4. 掌握三面投影图的形成、对应关系及其画法。

3.1 投影的形成及分类

任务引入：

当光源位于有限远处照射桌面，在地面产生的影子，与光源在无限远处，以平行光束照射在桌面上产生的影子有何不同？这种影子的现象，在制图中是如何被解释的？

本节我们的任务是通过学习投影的基本知识，了解投影的形成及分类。

知识链接：

3.1.1 投影的形成

日常生活中，物体在光的照射下，会在地面或墙面上产生影子，影子反映了被照物体的外轮廓特点，并且我们发现随着光角度、高度的变化，影子的形态也随之改变，这就是投影现象。

如图 3-1 所示，空间三角板△ABC，光源 S 和平面 H。由光源 S 通过三角板三个顶点发射的光线 SA、SB、SC 分别与平面 H 相交于 a、b、c，则△abc 为空间三角板△ABC 在 H 面上的投影。这里的光线在投影中称为投影线，平面称为投影面。

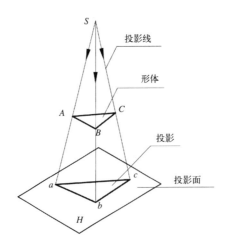

图 3-1　中心投影

由此可知，投影线、形体和投影面是构成投影的三要素，且缺一不可。

3.1.2 投影的分类

投影分为两大类：中心投影和平行投影。

1.中心投影

所有投影线相交于投影中心（即投影中心在有限远处）所得到的投影，称为中心投影。作出中心投影的方法称为中心投影法。

如图 3-1 所示，投射线 SA、SB、SC 相交于投影中心 S，空间三角板 △ABC 的投影△abc 不反应实形，且空间三角板△ABC 随着与投影面和投影中心距离的变化，投影也随之变化。

2.平行投影

各投影线相互平行（即投影中心移至无限远处）所得到的投影，称为平行投影。作出平行投影的方法称为平行投影法。平行投影根据投射线是否垂直于投影面，分为斜投影和正投影两种情况。

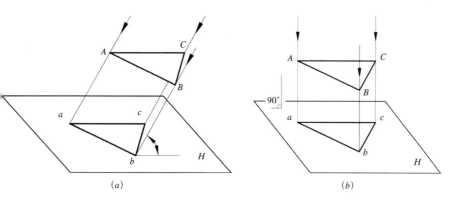

图 3-2　平行投影
(a) 斜投影；
(b) 正投影

(1) 斜投影

投影线倾斜于投影面的平行投影，称为斜投影。作出斜投影的方法称为斜投影法。

如图 3-2 (a) 所示，投射中心 S 移至无限远处，投射线 SA、SB、SC 按一定方向平行投射到三角板△ABC，在投影面 H 上形成投影△abc，则△abc 是空间三角板△ABC 的斜投影。

(2) 正投影

投影线垂直于投影面的平行投影，称为正投影。作出正投影的方法称为正投影法。

如图 3-2 (b) 所示，投射中心 S 移至无限远处，投射线 SA、SB、SC 垂直于投影面 H，形成投影△abc，则△abc 是空间三角板△ABC 的正投影。

任务实施：

如图 3-3 所示，判断下面图片中的桌子，采用了哪一种投影法。

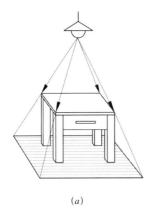

图 3-3　投影的分类

图片（a）属于＿＿＿＿＿＿＿投影；图片（b）属于＿＿＿＿＿＿＿投影。

思考与讨论：

　　1. 构成投影现象的要素有哪些？

　　2. 照相机原理属于哪种投影类型，为什么？

3.2　各类投影图在房屋建筑工程中的应用

任务引入：

　　如图 3-4 所示，在这组图片中既有三维立体图形，又有二维图形。它们表达的是同一形体吗？我们该如何判断它们属于哪一种投影图？不同投影法所表达的图形均不同，那么这些不同形态的投影图适用于什么类型的工程图呢？

　　本节我们的任务是通过了解各种投影法在房屋建筑工程中的应用，来判断投影图的一般使用情况。

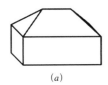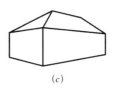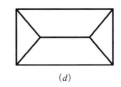

（a）　　　　　　　（b）　　　　　　　（c）　　　　　　　（d）　　　图 3-4　投影图的分类

知识链接：

　　常用的四种投影图包括：正投影图、标高投影图、轴测图和透视图。如图 3-5 所示，同一个柱基模型，因为采用了不同的投影法，所以产生的投影图效果也各有不同。

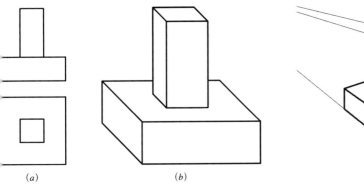

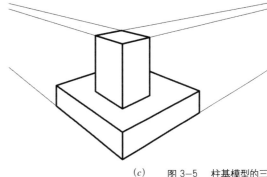

图 3-5 柱基模型的三种投影图表达方法

(a) 正投影图；
(b) 轴测图；
(c) 透视图

3.2.1 正投影图

如图 3-5（a）所示，用平行投影法中的正投影法在两个或两个以上相互垂直，并分别平行于柱基主要侧面的投影面上，作出形体的正投影，把所得正投影按一定规则展开在一个平面上。这种由两个或两个以上正投影组合而成，用以确定空间唯一形体的一组投影，称为正投影图。正投影法绘制的图形，具有作图简单、反映空间物体真实大小、度量方便、直观性差等特点。正投影图广泛应用于建筑、室内、家具设计等工程图中（具体内容见 3.3 正投影）。

3.2.2 标高投影图

正投影法还可以将一段地面的等高线投影在水平投影面上，并标注各等高线的高程，从而表达该地段的地形情况。这种带有标高用来表示地面形状的正投影图，称为标高投影图，图上需附上比例尺，如图 3-6 所示。标高投影图广泛应用于城市规划、园林景观设计等工程图中。

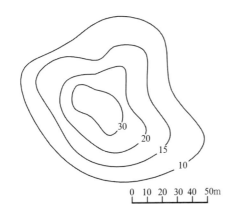

0 10 20 30 40 50m

图 3-6 标高投影图

3.2.3 轴测图

如图 3-5（b）所示，用平行投影法中的斜投影法绘制的柱基图形为轴测图。斜投影可以在一个投影面上反映出形体的长、宽、高，具有一定的立体感。常作为工程辅助图样。

3.2.4　透视图

　　如图 3-5(c) 所示，用中心投影法可画出柱基的透视图。透视图如同人眼看到的空间柱基形象一样十分逼真、直观，但各部分的尺寸均不能直接在图中度量。常用于建筑、室内、家具设计等效果图绘制。

任务实施：

　　如图 3-7 所示，判断下列图形属于哪一种投影图。

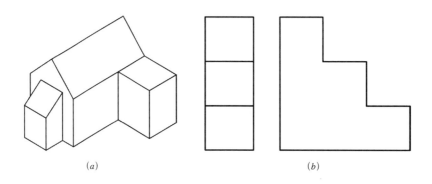

(a)　　　　　　　　　　　　　(b)

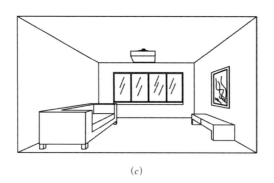

(c)

图 3-7　判断投影图
　　　　类型

　　图片 (a) 属于＿＿＿＿＿＿＿＿投影；

　　图片 (b) 属于＿＿＿＿＿＿＿＿投影；

　　图片 (c) 属于＿＿＿＿＿＿＿＿投影。

思考与讨论：

    1. 平行投影法在房屋建筑工程中都有哪些应用？各自有哪些特点？

    2. 可以在图中直接度量尺寸的投影图有哪些？

3.3　正投影

任务引入：

    图 3-8 所示为一房屋建筑模型，怎样才能完整、准确、快速地用投影表达它，并且可以根据这些投影将它制造出来呢？

    本节我们的任务是通过学习正投影基本特性、三面投影图的形成及其对应关系，熟练掌握简单形体的三面投影图的画法。

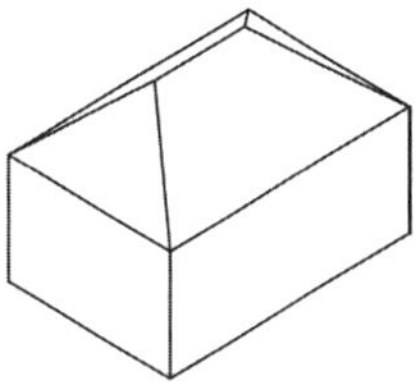

知识链接：

3.3.1　正投影特性

    我们将所有的形体都看作是由最单纯的点、直线和平面构成。由此分析点、直线和平面的基本投影特征，从而发现投影的本质特性。

图 3-8　房屋建筑模型

    1. 点的投影特性

    点的投影仍为点，如图 3-9 所示。

图 3-9　正投影的特性

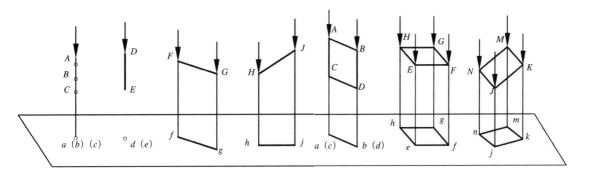

    2. 直线的投影特性

    垂直于投影面的直线，其投影为一点，具有积聚性；平行于投影面的直线，其投影为直线，且与空间直线尺寸相等，具有实形性；倾斜于投影面的直线，其投影为直线，但尺寸小于空间直线，具有类似性，如图 3-9 所示。

    3. 平面的投影特性

    垂直于投影面的平面，其投影为一直线，具有积聚性；平行于投影面的平面，其投影与空间平面的形状、大小完全一样，具有实形性；倾斜于投影面的平面，其投影为小于空间平面的类似形，如图 3-9 所示。

通过对点、直线和平面投影特性的分析，得出正投影特性：实形性、积聚性和类似性。

3.3.2　三面投影图的形成及对应关系

如图 3-10 所示，三个形体的底面均平行于水平投影面 H，对其作正投影。结果显示，三形体的水平投影（在水平投影面上的投影称为水平投影）图形一致，反映形体的长和宽，未能体现高度。因此，通过一个投影面得出的投影并不能完全地表现空间形体的形态，需要两个或两个以上的投影，才能准确而全面表达空间形体的形状与大小。

1. 三面投影图的形成

（1）三面投影体系

在原有水平投影面 H 的基础上，增加垂直于 H 面的两个投影面 V 面与 W 面。三个相互垂直相交的投影面，构成三面投影体系，如图 3-11 （a）所示。

三个投影分别称为：

形体在 V 面上的投影，称为正面投影或 V 面投影；

形体在 H 面上的投影，称为水平投影或 H 面投影；

形体在 W 面上的投影，称为侧面投影或 W 面投影。

投影面的交线 OX、OY、OZ 称为投影轴，三个投影轴相互垂直相交于一点 O，称为原点。

（2）三面投影图展开

为绘图方便，需要将三个投影面展开，如图 3-11(b) 所示。规定 V 面固定不动，使 H 面绕 OX 轴向下旋转，W 面绕 OZ 轴向右旋转，直到都与 V 面同在一个平面上。这时 OY 轴分成两条，H 面上的 OY 轴称为 OY_H，W 面上的 OY 轴称为 OY_W，以示区别。

展开后将同一平面上的 V 面、H 面和 W 面投影组成的投影图，称为三面投影图，如图 3-11(c) 所示。

2. 三面投影图的对应关系

（1）位置关系

三面投影图之间有严格的位置要求。以 V 面投影（正面投影）为准，H 面投影（水平投影）在 V 面投影（正面投影）的正下方，W 面投影（侧面投影）在 V 面投影（正面投影）的正右方。按上述位置摆放，不需要标注三个投影的名称。

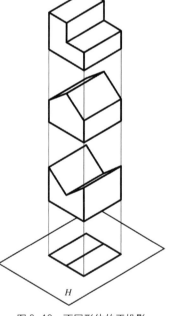

图 3-10　不同形体的正投影

相关链接：

在室内工程图绘制中，由于图幅和比例的限制，常常在一张图纸中只展示一个方向的投影面。因此，在无法保证投影图之间的位置时，需要在图形下方标注投影名称。

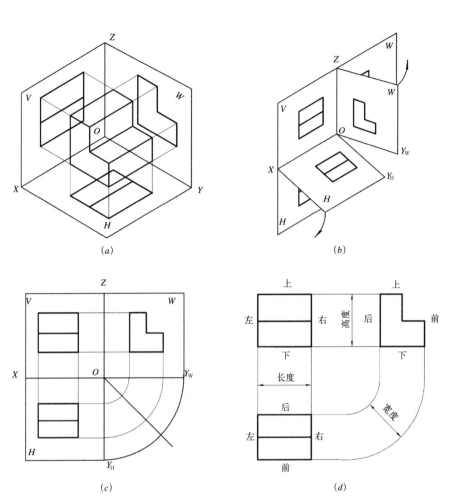

(a)　　　　　　　　　　　(b)

(c)　　　　　　　　　　　(d)

图 3-11　三面投影图
的形成

（2）投影关系

空间形体有长、宽、高三个方向的尺寸。从三面投影图的形成过程可以看出：OX 轴方向的尺寸代表长度；OY 轴方向尺寸代表宽度；OZ 轴方向尺寸代表高度。由此得出，每一个投影图都包含空间形体两个方向的尺寸，如图 3-11(d) 所示。

V、H 面两个投影左右对齐，都反映形体的长度，这种关系称为"长对正"；

V、W 面两个投影上下对齐，都反映形体的高度，这种关系称为"高平齐"；

H、W 面两个投影都反映形体的宽度，这种关系称为"宽相等"。

一般把三面投影图间的这种对应关系简称"长对正、高平齐、宽相等"的"三等"关系。

相关链接：

我们可以利用投影图的"三等"关系检查三面投影图是否有遗漏的轮廓线等错误，这也是识读和绘制三面投影图的重要依据。

---

(3) 方位关系

V 面投影（正面投影）反映形体的上下和左右关系；H 面投影（水平投影）反映形体的前后和左右关系；W 面投影（侧面投影）反映形体的上下和前后关系，如图 3—11(d) 所示。

一般用 V、H、W 面上的三个投影就可确定形体的空间形状。这三个投影称为基本投影，V、H、W 面称为基本投影面。

3.3.3　三面投影图的作图方法及步骤

如图 3—12 所示，已知空间形体，求作其三面投影图。

1. 分析形体，选择投影方向。将形体置于三面投影体系中并放正，使形体上的大多数面和线与投影面平行或垂直。

2. 根据图幅大小，合理安排绘图范围。

3. 绘制水平和垂直十字相交线，作为投影轴，如图 3—13 (a) 所示。如对称图形，还应绘制对称轴线，对称轴线为细单点长画线。

4. 绘制最能反映形体特征的投影，一般选择 V 面为形体主要展示面，如图 3—13 (b) 所示。

5. 根据"长对正、高平齐、宽相等"的"三等"关系，完成其余两个投影的绘制，如图 3—13 (c)、图 3—13 (d) 所示。

图 3—12　求作三面投影图的已知条件

小技巧：

在作图过程中，一般在 Y_H 和 Y_W 轴间画一条 45° 斜线，或以原点 O 为圆心作圆弧，以便等量截取 OY 轴坐标距离，达到"宽相等"的目的。

---

6. 检查修改，保留作图痕迹，外轮廓线需要加粗加深，以区别辅助图线，完成作图。

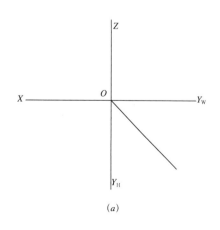

(a)

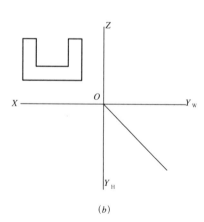

(b)

图 3—13　三面投影绘制方法及步骤

(a) 绘制投影轴；

(b) 绘制 V 面投影；

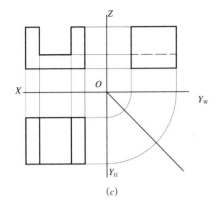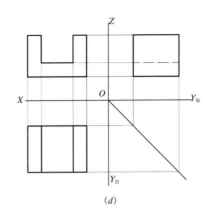

图 3-13 三面投影绘制
方法及步骤
（续）
(c) 45°斜线法；
(d) 圆弧法

(c)　　　　　　　　　　(d)

> **相关链接：**
>
> 　　为了使投影能准确表达物体形状，人们经过长期实践，对投影现象进行抽象、分析研究和总结，提出了投影线穿透性假设，即假设投影线可以穿透物体，使物体各部分的棱线都能在影子中反映出来，画图时，可见棱线用实线画出，不可见棱线用虚线画出。

任务实施：

　　如图 3-14 所示，参照房屋建筑模型立体图，按 1 ∶ 1 绘制该模型三面投影图。

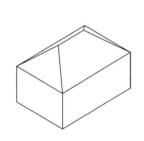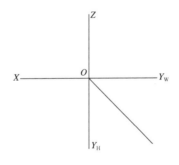

图 3-14 房屋建筑模
型与三面投
影图的绘制

思考与讨论：

　　1. 点、直线和平面的正投影特性有哪些？

　　2. 三面投影图的位置是否可以随意摆放？

　　3. 三等关系指的是什么？

　　4. 求作形体三面投影时，如何快速地截取宽度方向的尺寸？

　　5. 如何检查三面投影图绘制是否正确，无遗漏的轮廓线？

3.4 拓展任务

　　1. 如图 3-15 所示，根据立体图，找出相对应的三面投影图，并在括号内填写相应的选项。

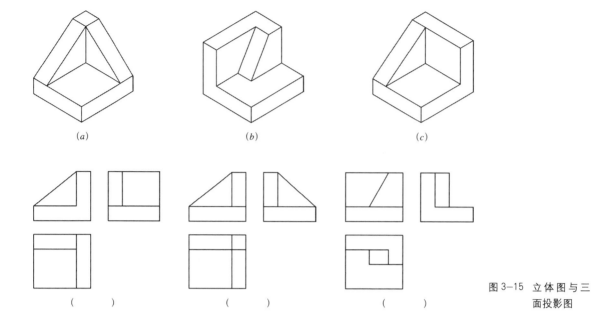

图 3-15 立体图与三
面投影图

2. 如图 3-16 所示，对应立体图检查三面投影图是否正确，如不正确请
补画遗漏的图线，去掉多余的线。

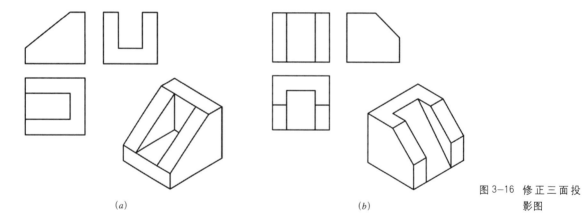

图 3-16 修正三面投
影图

室内设计工程制图

4

教学单元 4　点、直线、平面的投影

教学目标：

1. 掌握点的投影规律、两点间的相对位置及重影点可见性判断。
2. 掌握直线的投影规律及直线上点的投影特性。
3. 掌握平面的投影规律及平面上直线和点的投影特性。
4. 熟练掌握点、直线、平面投影的作图方法。

4.1　点的投影

任务引入：

图 4-1 所示是一房屋模型，令屋顶一交点处为 A，求点 A 的三面投影。现已知，点 A 的 V 面和 W 面投影，是否可以不通过测量立体图直接绘制点 A 的 H 面投影？

本节我们的任务就是通过了解点的投影规律，来完成点投影的绘制、两点相对位置判断和重影点可见性判断。

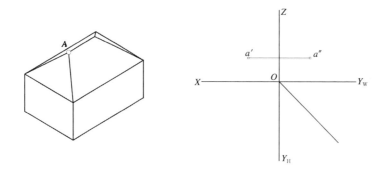

图 4-1　点 A 的投影

知识链接：

一个形体是由若干个面构成，各面相交形成多条棱线，各棱线又相交于多个顶点 A、B、C……，如图 4-2 所示。如果我们能够绘制点的投影，就可

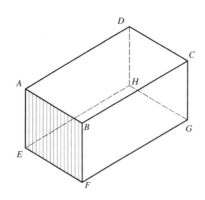

图 4-2　基本形体

以连接各个顶点，形成一条条棱线投影，而棱线又可以围合成形体各个侧面投影，最后完成整个形体的投影绘制。通过以上分析表明，掌握点的投影知识是学习线、面、体投影的基础。

4.1.1　点的投影及其规律

　　如图 4-3（a）所示，求长方体顶点 A 的三面投影。过点 A 分别向三个投影面 H、V、W 面做垂线，分别交于 a、a′、a″。

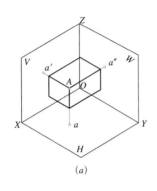
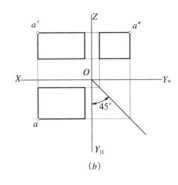

(a)　　　　　　　　　　(b)

图 4-3　点的投影
(a) 顶点 A 的空间位置；
(b) 顶点 A 的三面投影

　　点 A 到 H 面上的投影，以 a 表示，称为点 A 的 H 面投影，即水平投影；
　　点 A 到 V 面上的投影，以 a′ 表示，称为点 A 的 V 面投影，即正面投影；
　　点 A 到 W 面上的投影，以 a″ 表示，称为点 A 的 W 面投影，即侧面投影。
　　将三面投影体系展开，如图 4-3(b) 所示，得到空间点 A 的三面投影图。通过展开图我们发现点投影的规律：
　　点 A 的水平投影 a 和正面投影 a′ 的连线垂直于 OX 轴。
　　点 A 的正面投影 a′ 和侧面投影 a″ 的连线垂直于 OZ 轴。
　　点 A 的水平投影 a 到 OX 轴的距离等于其侧面投影 a″ 到 OZ 轴的距离。

4.1.2　点的投影与直角坐标的关系

　　如图 4-4 所示，若把三个投影面看做是三个坐标面，则三个投影轴为坐标轴，O 为坐标原点。在这样一个直角坐标体系中，空间点 A 的位置可以由三个坐标来表示，由此可以推算，空间点 A 到三个投影面的距离。

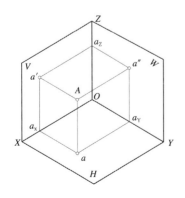
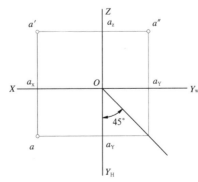

图 4-4　点 的 投 影 与
直 角 坐 标 的
关系

点 A 到 H 面的距离 $Aa=a'a_X=a''a_Y=a_Zo=Z$ 轴坐标。

点 A 到 V 面的距离 $Aa'=aa_X=a''a_Z=a_Yo=Y$ 轴坐标。

点 A 到 W 面的距离 $Aa''=aa_Y=a'a_Z=a_Xo=X$ 轴坐标。

通过上述分析我们发现：空间点 A 在一个投影面上的投影与两个坐标轴有关，而两个投影面上的投影就可涵盖三个坐标轴。因此，已知空间点 A 的两个投影面投影，便可得出第三面投影。反之，点的三个坐标值可以确定该点空间中的位置。

4.1.3　两点的相对位置

空间中两点相对位置的判断，以一个点为基础，利用两点坐标大小来比较它们的前后、上下和左右位置。

在三面投影中，水平投影（H）可判断两点前后和左右关系；正面投影（V）可判断两点左右和上下关系；侧面投影（W）可判断两点前后和上下关系。

如图 4-5 所示，空间点 A 在点 B 的左、下和前方。

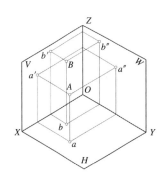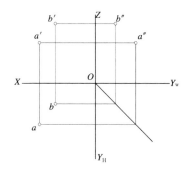

图 4-5　两点的相对位置

4.1.4　重影点

如图 4-6 所示，空间点 A、点 B 在水平投影面投影 a、b 为重影点，因此，需要判定 a、b 两点投影的可见性。

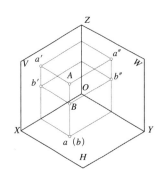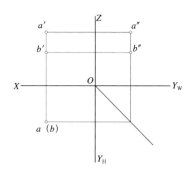

图 4-6　重影点

1. 按投影投射方向分析。点 A 在点 B 正上方，即点 A 为可见点，点 B 为不可见点，不可见点投影应加括号表示。

2. 按坐标值大小分析。坐标值较大者为可见点，坐标值较小者为不可见点。*A*、*B* 两点在 *X*，*Y* 轴坐标相同，*Z* 轴坐标不同，且 $Z_A > Z_B$，故点 *A* 为可见点，点 *B* 为不可见点。

任务实施：

如图 4-7 所示，已知点 *A* 和点 *B* 的两面投影，求第三面投影。并说明两点的空间位置。

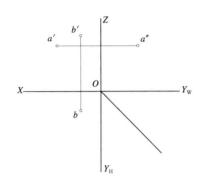

点 *A* 在点 *B* 的_____面（上／下）；
点 *A* 在点 *B* 的_____面（左／右）；
点 *A* 在点 *B* 的_____面（前／后）。

图 4-7　求点的投影并判断两点位置关系

思考与讨论：

1. 空间两点的某一面投影为重影点，如何判断点的可见性？
2. 如何快速判断两点的相对位置？
3. 谈谈如何绘制线的投影。

4.2　直线的投影

任务引入：

如图 4-8 所示，房屋模型正脊设为直线 *AB*，戗脊设为直线 *AD*。已知直线 *AB*、*AD* 的两面投影，试求第三面投影？

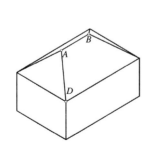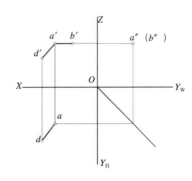

图 4-8　直线的投影

本节我们的任务是通过了解直线的投影规律，来完成直线投影的绘制、直线空间位置的判断和直线上点的投影特性。

相关链接：

正脊又叫大脊、平脊，位于屋顶前后两坡相交处，是屋顶最高处的水平屋脊,正脊两端有吻兽或望兽,中间可以有宝瓶等装饰物。戗脊又称岔脊,是中国古代重檐顶建筑自垂脊下端至屋檐部分的屋脊，和垂脊成45°，对垂脊起支戗作用，如图4-9所示。

图4-9　天安门

知识链接：

两点确定一条直线，当我们能够顺利地完成点的投影绘制后，直线的投影也将迎刃而解。

4.2.1　各种位置直线的投影及其特性

直线在三面投影体系中的投影决定于直线与三个投影面的相对位置。根据直线空间位置的不同，其类型可分为三种：投影面平行线、投影面垂直线、一般位置直线。其中投影面平行线和投影面垂直线是较为特殊的两种情况。

1. 投影面平行线

平行于一个投影面，倾斜于另外两个投影面的直线，称为投影面平行线。

根据平行投影面的不同，投影面平行线分为三种情况：

(1) 正平线，它与 V 面平行，倾斜于 H 面及 W 面；

(2) 水平线，它与 H 面平行，倾斜于 V 面及 W 面；

(3) 侧平线，它与 W 面平行，倾斜于 V 面及 H 面。

投影面平行线的图例及投影特性，见表4-1。

名称	立体图	投影图	投影特性
正平线	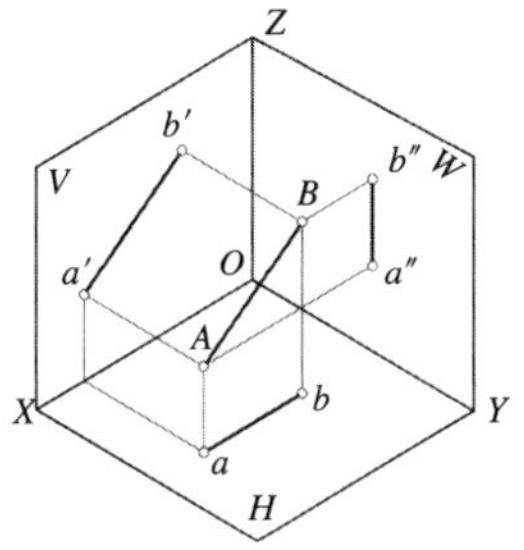	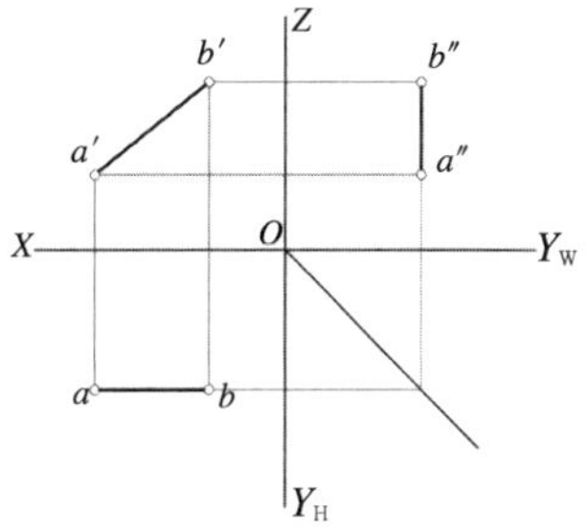	1.$AB//V$面， $a'b'=AB$； 2.$a''b''//OZ$， $a''b''<AB$； 3.$ab//OX$， $ab<AB$
水平线	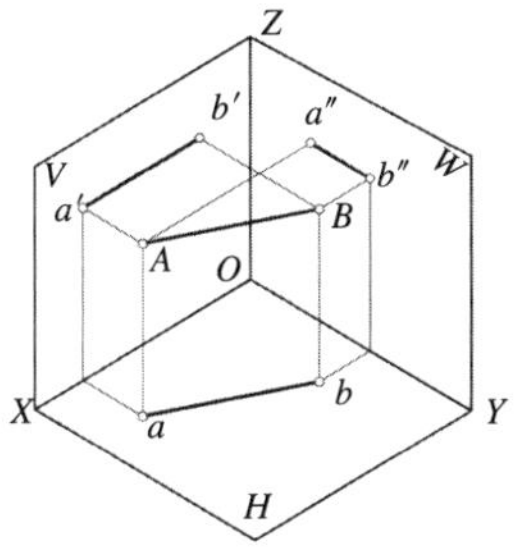	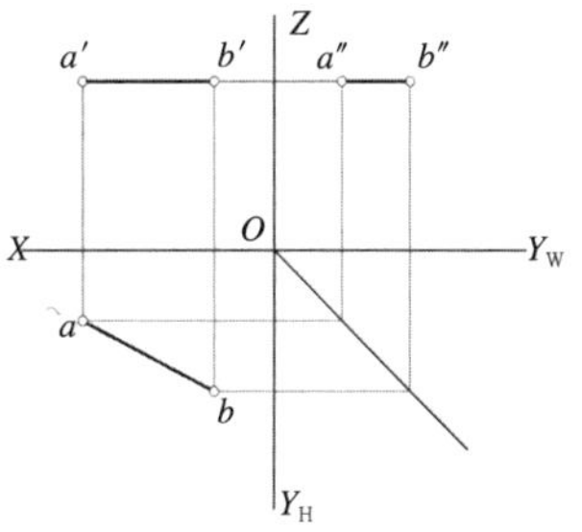	1.$AB//H$面， $ab=AB$； 2.$a''b''//OY$， $a''b''<AB$； 3.$a'b'//OX$， $a'b'<AB$
侧平线	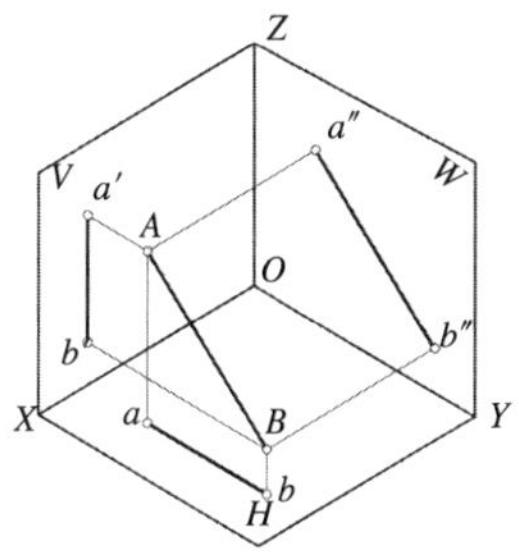	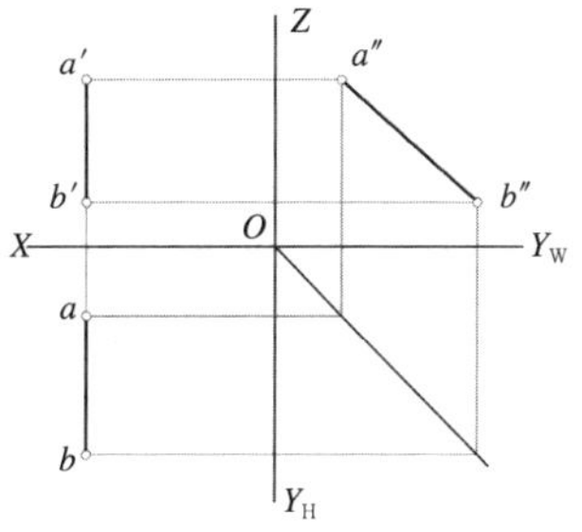	1.$AB//W$面， $a''b''=AB$； 2.$ab//OY$， $ab<AB$； 3.$a'b'//OZ$， $a'b'<AB$

通过图表及文字分析，总结投影面平行线特性如下：

1）空间直线平行于一投影面，在其投影面上产生的投影，反映该直线实际长度，具有实形性。

2）空间直线平行于一投影面，倾斜于其他两个投影面，且在另两个投影面上产生的投影小于该直线实际长度，不反映实形，具有类似性。

2.投影面垂直线

垂直于一个投影面，必定平行于另外两个投影面的直线，称为投影面垂直线。

根据垂直投影面的不同，投影面垂直线分为三种情况：

（1）正垂线，它垂直于V面，平行于H面及W面；

（2）铅垂线，它垂直于H面，平行于V面及W面；

（3）侧垂线，它垂直于W面，平行于V面及H面。

投影面垂直线的图例及投影特性，见表 4-2。

投影面垂直线　　　　　　表4-2

名称	立体图	投影图	投影特性
正垂线			1. $AB \perp V$面，$a'b'$ 积聚成一点； 2. $ab \perp OX$，$ab=AB$； 3. $a''b'' \perp OZ$，$a''b''=AB$
铅垂线			1. $AB \perp H$面，ab积聚成一点； 2. $a'b' \perp OX$，$a'b'=AB$； 3. $a''b'' \perp OY$，$a''b''=AB$
侧垂线			1. $AB \perp W$面，$a''b''$ 积聚成一点； 2. $a'b' \perp OZ$，$a'b'=AB$； 3. $ab \perp OY$，$ab=AB$

通过图表及文字分析，总结投影面垂直线特性如下：

1）空间直线垂直于一投影面，在其投影面上产生的投影聚集为一点，具有积聚性。

2）空间直线垂直于一投影面，必定平行于另外两个投影面。因此，直线在另两个投影面上的投影反映直线实际长度，具有实形性。

3. 一般位置直线的投影

与三个投影面都倾斜的直线，称为一般位置直线。

如图 4-10 所示，直线 AB 与三个投影面都倾斜，因此，在三个投影面上的投影都是小于直线实际长度的类似形。

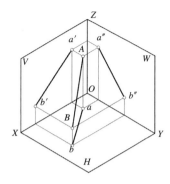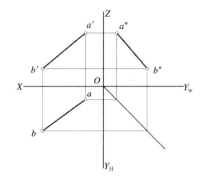

图 4-10　一般位置直线

4.2.2　直线上的点

直线上点的投影具有从属性和定比性两大特性。

1. 从属性

直线上点的投影，一定落在该直线的同面投影上。如图 4-11 所示，直线 AB 上一点 S，做直线 AB 和点 S 的三面投影，结果发现点 S 的三面投影均落在直线 AB 的投影上。

2. 定比性

直线上的点将直线分割成两个线段，两线段长度之比，等于他们的投影长度之比。如图 4-11 所示，点 S 将直线 AB 分割成两条线段 AS 和 SB，做两条线段的投影，结果发现 $AS : SB = as : sb = a's' : s'b' = a''s'' : s''b''$。

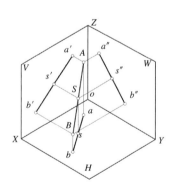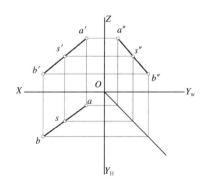

图 4-11　直线上的点
的投影

4.2.3　两直线的相对位置

空间两直线的相对位置有三种情况：平行、相交、交叉（交叉指空间两直线既不平行也不相交）。

如图 4-12 所示，立体图形中 AB 与 CD 平行；AB 与 AF 相交；AB 与 CG 交叉。因平行两直线与相交两直线在同一平面内，所以称为共面线。而交叉两直线不在同一平面内，故称为异面线。

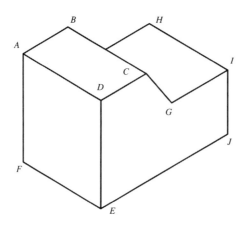

图 4-12 两直线的相
对位置

1. 平行两直线

空间两直线平行,通过两直线投向同一投影面的投影,也相互平行。反之,两直线各投影面同面投影相互平行,该两直线空间中位置必将平行。

> **请注意:**
>
> 若空间两一般位置直线,任意两投影面投影平行,即可判断空间两直线平行。

如图 4-13 所示,空间直线 *AB* ∥ *MN*,其投影 *ab* ∥ *mn*、*a′b′* ∥ *m′n′*、*a″b″* ∥ *m″n″*。

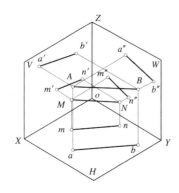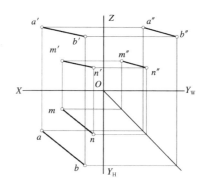

图 4-13 平行两直线
的相对位置

> **请注意:**
>
> 若空间两直线为投影面平行线,例如两直线均为侧平线,虽然它们在 *V* 面投影和 *H* 面投影都相互平行,但还要看是否在 *W* 面平行,以此确定空间两直线相对位置。

如图 4-14 所示,直线 *CD* 与直线 *EF* 为侧平线,判断两直线空间位置。两直线 *V* 面投影 *c′d′* ∥ *e′f′*,*H* 面投影 *cd* ∥ *ef*,*W* 面投影 *c″d″* 与 *e″f″* 不平行。

由此判断直线 *CD* 与直线 *EF* 空间位置既不平行也不相交，属于交叉。

2. 相交两直线

空间两直线相交，其各同面投影也必相交，且交点符合点的投影规律。反之，两直线各同面投影相交，且交点符合投影规律，则空间两直线必相交。

如图 4-15 所示，直线 *AB* 与 *CD* 相交，交点为 *S*，其投影 *ab* 与 *cd* 相交于 *s*、*a′b′* 与 *c′d′* 相交于 *s′*、*a″b″* 与 *c″d″* 相交于 *s″*。

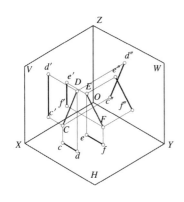

图 4-14 两投影面平行线的相对位置

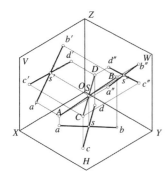
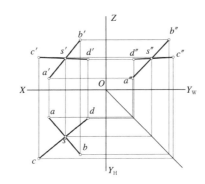

图 4-15 相交两直线的相对位置

请注意：

①若空间两一般位置直线，任意两投影面投影相交，且交点符合投影规律，即可判断该两直线相交。

②若空间两直线其中一条为投影面平行线，用两个投影判断两直线是否相交，至少有一个投影是平行投影面上的投影，且两直线在该投影面上的投影相交，交点符合点的投影规律，才能确定空间两直线是相交直线。

---

3. 交叉两直线

交叉两直线既不平行也不相交。投影有两种情况：

(1) 交叉两直线的同面投影有时可能平行，但所有投影不可能同时相互平行。

如图 4-16 所示，*AB* 和 *CD* 是交叉两直线，且都为侧平线，两直线 *W* 面

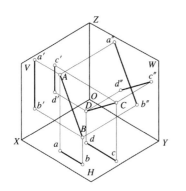
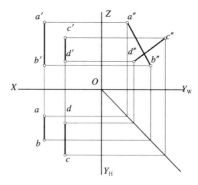

图 4-16 交 叉 两 直 线
的相对位置

投影相交，交点是直线 *AB* 与 *CD* 的重影点，*V*、*H* 面投影平行。

（2）交叉两直线的同面投影都相交，但交点不符合投影规律。

如图 4-17 所示，*EF* 和 *MN* 是交叉两直线，水平投影 *ef* 和 *mn* 的交点 3（4）是空间Ⅲ、Ⅳ点的重影点，正面投影 *e′ f′* 和 *m′ n′* 的交点 1′（2′）是Ⅰ、Ⅱ点的重影点。

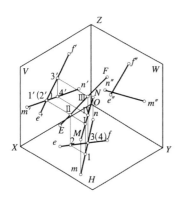
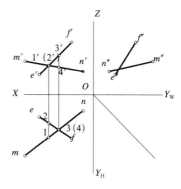

图 4-17 交 叉 两 直 线
的相对位置

任务实施：

如图 4-18 所示，已知直线 *AB*、*AD* 的两面投影，求第三面投影。并说明两直线的空间位置及两直线的相对位置。

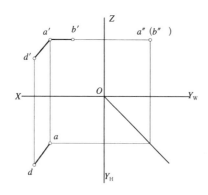

图 4-18 求 直 线 *AB*、
AD 的投影

思考与讨论:

1. 投影面平行线有哪些投影特性?

2. 投影面垂直线有哪些投影特性?

3. 一般位置直线的投影特性有哪些?

4. 点 S 的投影落在直线 AB 的投影上,我们能判断出点 S 就是直线 AB 上的一点吗?直线上点的特性有哪些?

5. 如何判断两直线的相对位置?

6. 谈谈如何绘制面上直线的投影。

4.3 平面的投影

任务引入:

如图 4—19 所示,房屋模型一斜面设为平面 $ABCD$,绘制平面 $ABCD$ 的三面投影。并判断其空间位置。

本节我们的任务是通过了解平面的投影规律,来完成平面投影的绘制、平面空间位置的判断和平面上直线和点的投影特性。

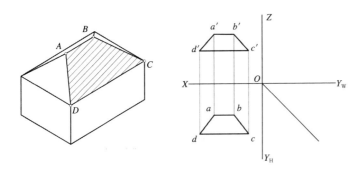

图 4—19 平面 $ABCD$ 的第三面投影

图 4—20 平面在空间中的位置

知识链接:

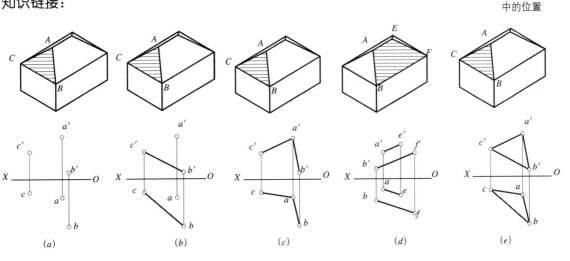

(a) $\qquad$ (b) $\qquad$ (c) $\qquad$ (d) $\qquad$ (e)

平面在空间中的位置可以由下列几何元素来确定和表示：

1. 不在同一直线上的三点（如图4-20（*a*）所示）；

2. 线段及线外的一点（如图4-20（*b*）所示）；

3. 相交的两直线（如图4-20（*c*）所示）；

4. 平行两直线（如图4-20（*d*）所示）；

5. 平面图形（如图4-20（*e*）所示）。

4.3.1　各种位置平面的投影及其特性

平面在三面投影体系中的投影决定于平面与三个投影面的相对位置。根据平面空间位置的不同，其类型可分为三种：投影面平行面、投影面垂直面、一般位置平面。其中投影面平行面和投影面垂直面是较为特殊的两种情况。

1. 投影面平行面

平行于一个投影面，同时垂直于另两个投影面的平面称为投影面平行面。有三种情况：

（1）正平面，它平行于 *V* 面，垂直于 *H* 面及 *W* 面；

（2）水平面，它平行于 *H* 面，垂直于 *V* 面及 *W* 面；

（3）侧平面，它平行于 *W* 面，垂直于 *V* 面及 *H* 面。

投影面平行面的图例及投影特性，见表4-3。

投影面平行面　　　　　　　　　　　　　　　　　　　　　　　表4-3

名称	立体图	投影图	投影特性
正平面	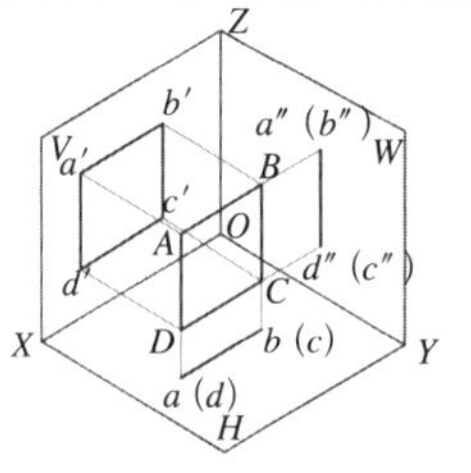	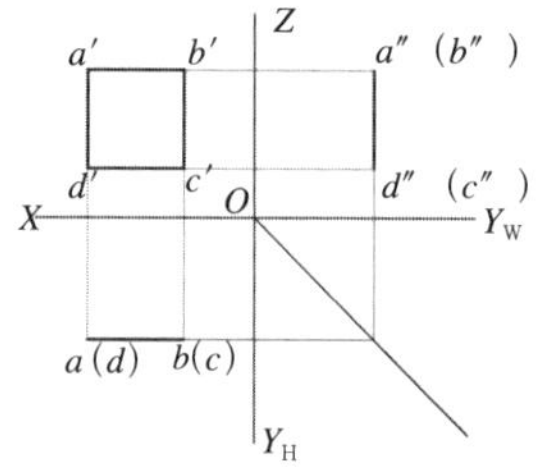	1. *ABCD*//*V*面，*a′b′c′d′*=*ABCD*； 2. *abcd*积聚成一条直线； 3. *a″b″c″d″* 积聚成一条直线
水平面	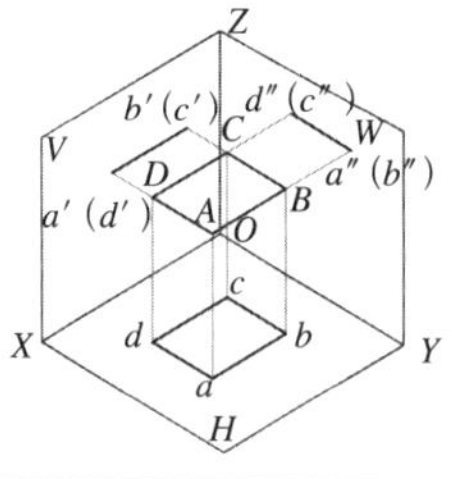	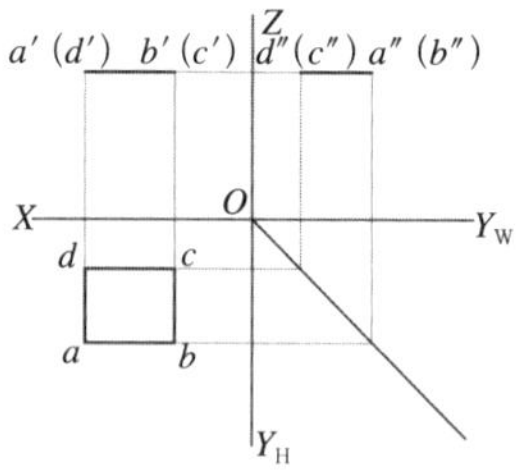	1. *ABCD*//*H*面，*abcd*=*ABCD*； 2. *a′b′c′d′* 积聚成一条直线； 3. *a″b″c″d″* 积聚成一条直线
侧平面	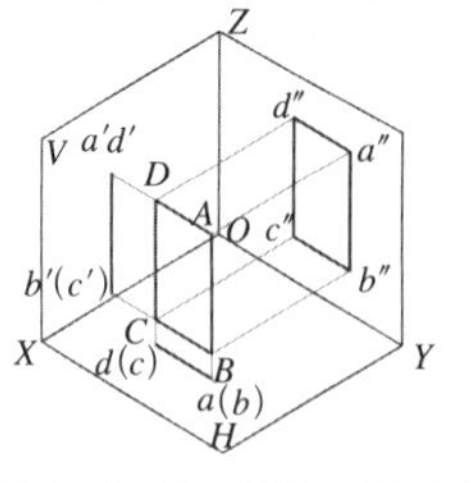	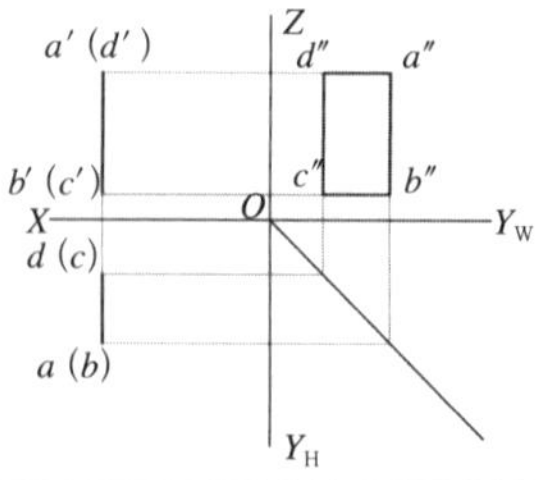	1. *ABCD*//*W*面，*a″b″c″d″*=*ABCD*； 2. *abcd*积聚成一条直线； 3. *a′b′c′d′* 积聚成一条直线

通过图表及文字分析，总结投影面平行面特性如下：

1）空间平面在它所平行的投影面上的投影，反映平面的实际形状，具有实形性。

2）若空间平面平行于一个投影面，必然垂直于其他两个投影面，所以另外两个投影都积聚成一条直线，并且分别平行于相应的投影轴，具有积聚性。

2．投影面垂直面

垂直于一个投影面，与另两个投影面倾斜的平面称为投影面垂直面。有三种情况：

（1）正垂面，它垂直于 V 面，倾斜于 H 面及 W 面；

（2）铅垂面，它垂直于 H 面，倾斜于 V 面及 W 面；

（3）侧垂面，它垂直于 W 面，倾斜于 V 面及 H 面。

投影面垂直面的图例及投影特性，见表4-4。

投影面垂直面　　　　　　　　　　　　　　　　　　表4-4

名称	立体图	投影图	投影特性
正垂面	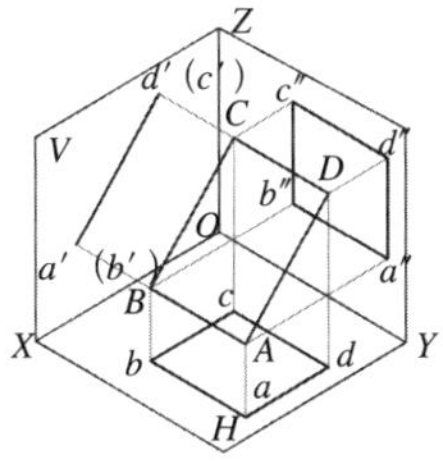	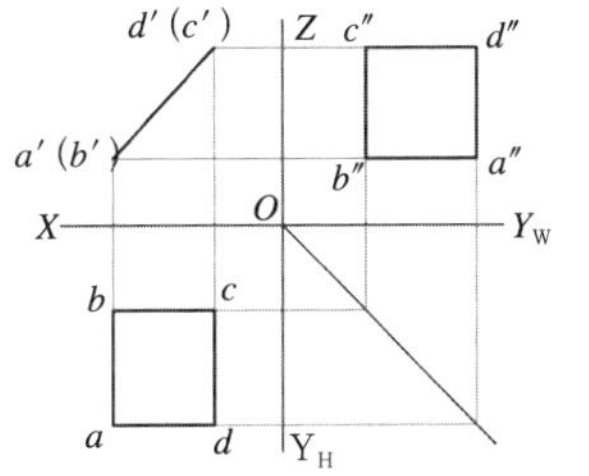	1．$ABCD \perp V$ 面，$a'b'c'd'$ 积聚成一条直线； 2．$abcd < ABCD$； 3．$a''b''c''d'' < ABCD$
铅垂面	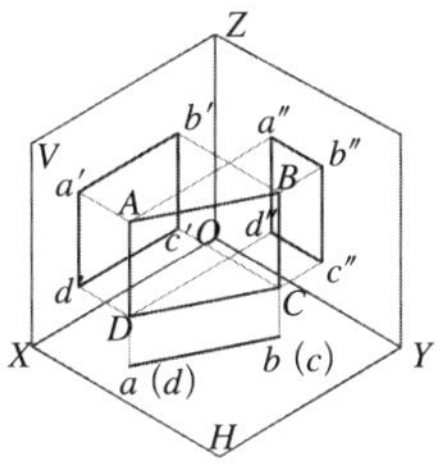	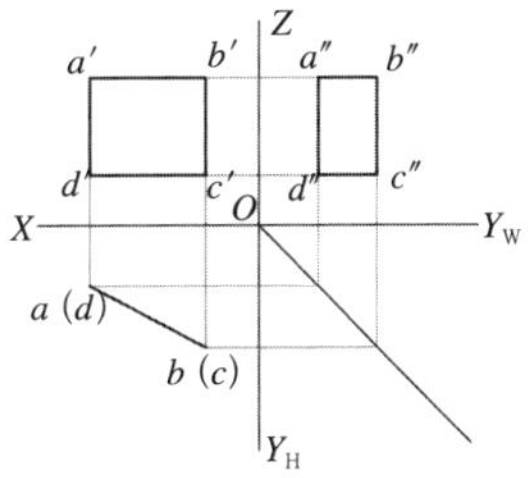	1．$ABCD \perp H$ 面，$abcd$ 积聚成一条直线； 2．$a'b'c'd' < ABCD$； 3．$a''b''c''d'' < ABCD$
侧垂面	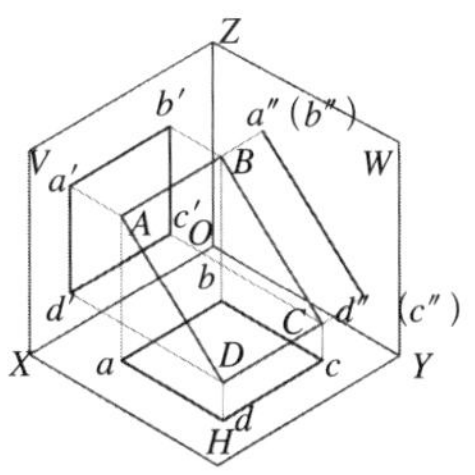	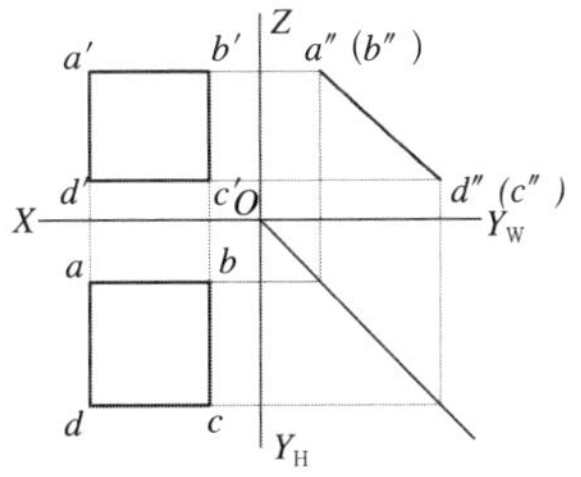	1．$ABCD \perp W$ 面，$a''b''c''d''$ 积聚成一条直线； 2．$abcd < ABCD$； 3．$a'b'c'd' < ABCD$

通过图表及文字分析，总结投影面垂直面特性如下：

1）投影面垂直面在它所垂直的投影面上的投影，积聚为一倾斜线，具有积聚性。直线与投影轴的夹角，反映该平面与另外两个投影面的倾角。

2）投影面垂直面的另外两个投影面上的投影不反映实形，是小于实形的类似形，具有相似性。

3. 一般位置平面

与三个投影面都倾斜的平面，称为一般位置平面。

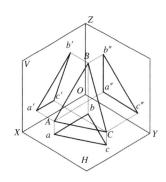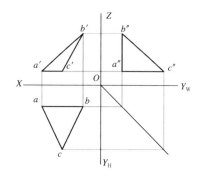

图 4-21　一般位置平面

图 4-21 所示，△ABC 与三个投影面都倾斜，因此，在三个投影面上的投影都是小于实际平面大小的类似形。

4.3.2　平面上的点和线

1. 平面上的点

若平面上有一点，则该点必须在平面内的一直线上。

如图 4-22(a) 所示，AE 是平面 ABCD 上的直线，点 S 在直线 AE 上，因此点 S 在平面 ABCD 上。

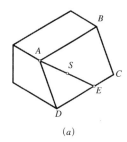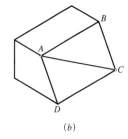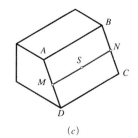

(a)	(b)	(c)

图 4-22　平面上的点和线

小技巧：

在做平面取点训练时，必须先在平面上取经过该点的直线，然后再在该直线上取点。这是确定平面上点位置的依据。

---

2. 平面上的直线

（1）一直线如果通过平面上的两个点，则该直线在这个平面上。

如图 4-22（b）所示，直线 AC 通过了平面 ABCD 上的点 A 和点 C，因此，断定直线 AC 在该平面上。

（2）一直线通过平面上一个点而且同时平行于该平面上另一条直线，则该直线在这个平面上。

如图 4-22（c）所示，直线 MN 通过平面 $ABCD$ 上一点 S，且直线 $MN \parallel AB \parallel CD$，因此，断定直线 MN 在该平面上。

任务实施：

如图 4-23 所示，已知平面 $ABCD$ 两面投影，求第三面投影。

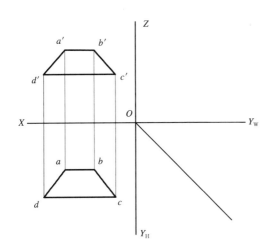

图 4-23 求作平面 $ABCD$ 的投影

思考与讨论：

1. 投影面平行面有哪些投影特性？

2. 投影面垂直面有哪些投影特性？

3. 一般位置平面的投影特性有哪些？

4. 如何准确快速地完成表面取点训练，有什么方法吗？

5. 点、线、面的投影都能够绘制了，试想一下体的投影该如何绘制呢？

4.4 拓展任务

1. 如图 4-24 所示，已知点 A 距 H 面 15mm，距 V 面 25mm；点 B 在 H 面内，距 V 面 20mm；点 C 在 V 面内，距 H 面 30mm。画出它们的投影。

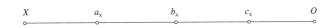

图 4-24 点的投影训练（一）

2. 如图 4-25 所示，作点 A（15,20,25），点 B（10,20,0），点 C（20,0,15）三点的投影图。

图4-25 点的投影训
练（二）

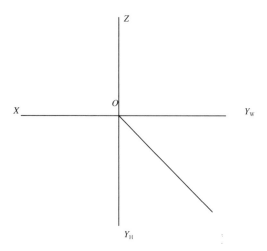

3. 如图4-26所示，求直线 *AB*、*EF* 的第三面投影，并说明直线的空间位置。

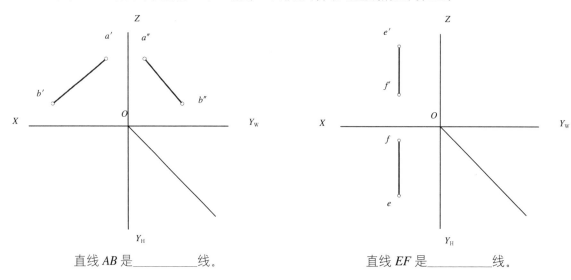

直线 *AB* 是_____线。　　　　　　　　直线 *EF* 是_____线。

4. 如图4-27所示，已知点 *M* 在△*ABC* 平面内，完成平面△*ABC* 及点 *M* 的三面投影。

图4-26 直线的投影
训练

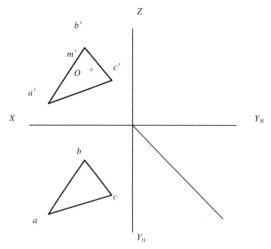

图4-27 平面的投影
训练

5

教学单元 5　基本体的投影

教学目标：

1. 了解基本体的分类。
2. 掌握各类基本体的识读。
3. 掌握各类基本体投影图的画法。
4. 掌握各类基本体的表面上点投影作图方法。
5. 掌握立体截交线的投影分析及作图方法。
6. 掌握立体相贯线的投影分析及作图方法。

5.1　平面体的投影

任务引入：

　　无论是室内装饰物还是建筑形体，常常会以基本的平面体作为装饰或构筑的主体。图5-1（a）所示的吉萨金字塔群，它们外观形体都是正四棱锥体。若绘制某一金字塔的三面投影，只需掌握棱锥的投影便可完成金字塔投影的绘制，如图5-1（b）所示。

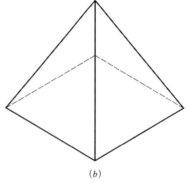

图 5-1　吉萨金字塔
　　　　群及四棱锥
（a）吉萨金字塔群；
（b）四棱锥

(a) 　　　　　　　　　　　　　　　　　　　　(b)

相关链接：

　　金字塔相传是古埃及法老的陵墓，反映着纯农耕时代人们从季节的循环和作物的生死循环中获得的意识。古埃及人迷信人死之后，灵魂不灭，只要保护住尸体，三千年后会在极乐世界里复活永生，因此他们特别重视建造陵墓。

　　吉萨金字塔群，如图5-1（a）所示。公元前三世纪中叶，在吉萨（Giza）造了第四王朝3位皇帝的3座相邻的大金字塔，形成一个完整的群体。它们都是正四棱锥体，形式极其单纯。三个金字塔分别是：库富（Khufu）金字塔，高146.6m，底边长230.35m；哈弗拉（Khafra）金字塔，高143.5m，底边长215.25m；门卡乌拉（Menkaura）金字塔，高66.4m，底边长108.04m。

本节我们的任务是通过对平面体投影的分析，完成平面体投影的绘制及求作平面体表面点的投影。

知识链接：

空间中无论多复杂的形体都是由多个基本体构成。按形体表面性质不同，可分为平面体和曲面体。

由多个平面围合而成的立体称为平面体。常见的平面体有棱柱、棱锥等。

5.1.1 棱柱

棱柱是由一对形状大小相同、相互平行的多边形底面（端面）和若干个平行四边形棱面（或侧面）围合而成，棱面与棱面的交线称为棱线，棱柱所有棱线相互平行。根据棱柱底面形状不同，可分为三棱柱、四棱柱、六棱柱等，如图5-2所示。

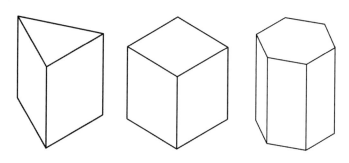

图5-2 棱柱体

下面以六棱柱为例，分析棱柱投影及其作图方法。

1. 六棱柱投影分析

如图5-3所示，将六棱柱置于三面投影体系内，使上、下底面平行于水平面（**H**面），两个棱面平行于正面（**V**面）。

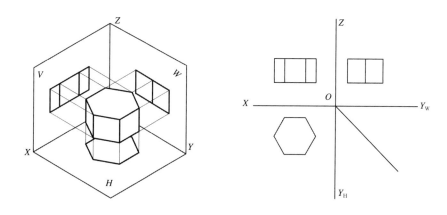

图5-3 六棱柱的三面投影

在水平投影中，六棱柱的投影为六边形。此六边形是上、下两个底面的水平投影，顶面可见，底面不可见；六边形的六个边是六个棱面的积聚投影；六边形的六个角点是六条棱线的积聚投影。

在正面投影中，六棱柱的投影是三个相连的矩形。中间较大的矩形是六棱柱前、后两个棱面的投影，反映实形，前棱面可见，后棱面不可见；左、右两个较小的矩形是六棱柱其余四个棱面的投影，由于四个棱面均倾斜于正面（V面），因此投影为小于实形的类似形；上、下两条直线则是上、下两个底面的积聚投影。

在侧面投影中，六棱柱的投影是两个相连且等大的矩形。两个矩形是左、右四个棱面投影的重合，由于四个棱面均倾斜于侧面（W面），因此投影为小于实形的类似形，其中左侧两个棱面可见，右侧两个棱面不可见；两个相连矩形的上、下两条直线是六棱柱上、下两底面的积聚投影。

2. 六棱柱投影作图方法

如图 5-4 所示，六棱柱投影的作图步骤如下：

（1）先画出反映实形的水平投影，即六边形，如图 5-4（a）所示。

（2）根据"长对正"的投影关系及六棱柱高度尺寸，画出其正面投影图。即三个连续矩形。其中，中间较大矩形反映实形，如图 5-4（b）所示。

（3）根据"高平齐"、"宽相等"的投影关系，画出其侧面投影图，即两个连续矩形，均不反应实形，如图 5-4（c）所示。

（4）检查清理底稿，按规定线型加深，如图 5-4（d）所示。

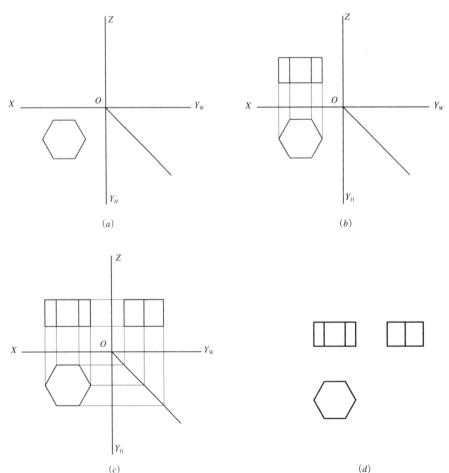

图 5-4　六棱柱投影作图步骤

3. 六棱柱表面上点的投影作图方法

如图 5-5 （a）所示，求六棱柱表面点 A 的投影。

根据已知正面投影 a' 可以判断出点 A 在六棱柱左前侧棱面上，利用投影积聚性可直接求出点 A 的水平投影 a。利用点的投影规律可求出点 A 的侧面投影 a''，如图 5-5 （b）所示。三个投影均可见。

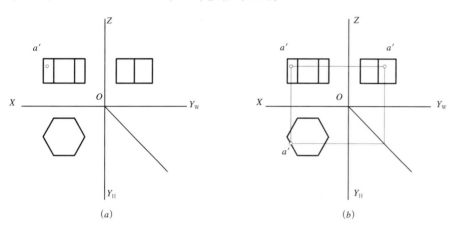

(a)   (b)

图 5-5　六棱柱表面点的投影

小技巧：如何判断点是否可见？

点所在表面的投影可见，点的投影也可见；若点所在的表面的投影不可见，点的投影也不可见；若点所在表面的投影积聚成直线，点的投影认为可见。

5.1.2　棱锥

棱锥由一个底面和若干个三角形棱面组成，各棱面相交于一点，称为锥顶。棱面与棱面的交线称为棱线，所有棱线交汇于锥顶。工程中常见的棱锥体有正三棱锥、正四棱锥等。下面以正三棱锥为例，分析棱锥投影及其作图方法。

1. 正三棱锥投影分析

如图 5-6 所示，将正三棱锥置于三面投影体系内，使其底面平行于水平面（H 面）。

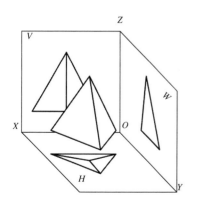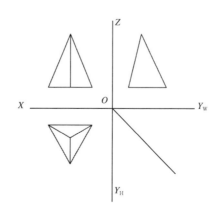

图 5-6　正三棱锥及其投影

在水平投影中，正三棱锥的投影为等边三角形。此三角形是底面的水平投影，反映实形；三个小三角形分别是棱锥的三个棱面投影，也可视为三条棱线的投影并交于一点。

在正面投影中，正三棱锥的投影为两个相连的直角三角形。两个直角三角形是三棱锥左前、右前两个棱面的投影，由于两个棱面均倾斜于正面（**V** 面），因此不反应实形；两个三角形拼合后的大三角形是正三棱锥后侧棱面的投影；三棱锥的底面积聚为三角形的底边直线。

在侧面投影中，正三棱锥投影为三角形。是左前和右前两个棱面投影的重合，由于两个棱面均倾斜于侧面（**W** 面），因此投影为小于实形的类似形，其中左侧棱面可见，右侧棱面不可见；后侧棱面积聚为一条直线；正三棱锥底面积聚为三角形的底边直线。

2. 正三棱锥投影作图方法

如图 5-7 所示，正三棱锥投影的作图步骤如下：

（1）先画出反映实形的水平投影，即等边三角形，如图 5-7（a）所示。

（2）根据"长对正"的投影关系及正三棱锥高度尺寸，画出其正面投影图，

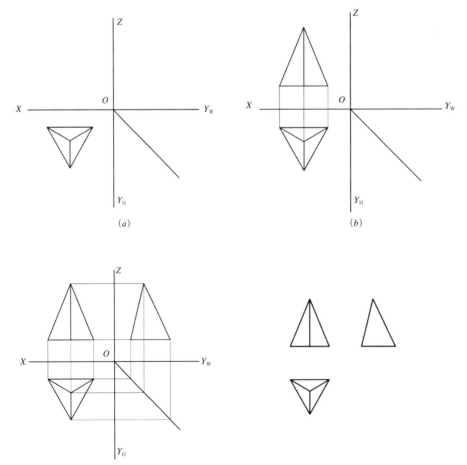

(a)　　　　　　　　　　　　(b)

(c)　　　　　　　　　　　　(d)

图 5-7　三棱锥作图步骤

即两个相连的直角三角形，如图5-7（b）所示。

（3）根据"高平齐"、"宽相等"的投影关系，画出其侧面投影图，即三角形，如图5-7（c）所示。

（4）检查清理底稿，按规定线型加深，如图5-7（d）所示。

3. 正三棱锥表面上点的投影作图方法

如图5-8（a）所示，求正三棱锥表面点 B 的投影。

已知侧面投影 b'' 可以判断点 B 在正三棱锥左前侧棱面上，但是该棱面的三个投影都没有积聚性，需要作辅助线。如图5-8(b)所示，连接 b'' 和锥顶 s'' 并延长，其延长线与三角形底边相交于一点其投影设置为 c''；利用点在直线上的投影规律可求出该交点的水平投影 c，连接 sc 即辅助线 SC 的水平投影；点 B 是辅助线 SC 上的一点，由此求出点 B 的水平投影 b；根据已有的两面投影，利用点的投影规律求出正面投影 b'，如图5-8（b）所示。三个投影均可见。

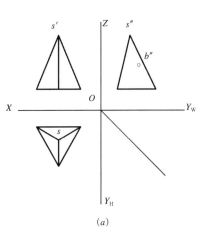

(a)

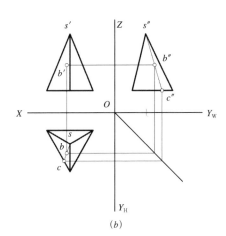

(b)

图5-8　正三棱锥表面点的投影

任务实施：

如图5-9所示，已知正四棱锥的两面投影，求作第三面投影，并求出棱面上点 A 的其余两面投影。

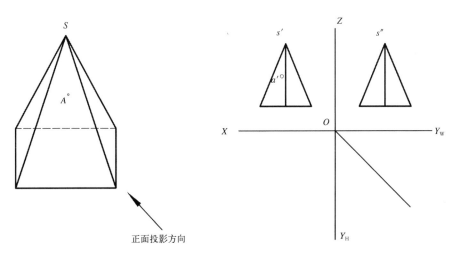

正面投影方向

图5-9　正四棱锥的三面投影及表面点的投影

思考与讨论：

求体表面上点的投影时，若点所在的平面有积聚性，可利用积聚性求出点的其余两面投影。如果点所在的平面没有积聚性，该如何求得投影？

5.2 曲面体的投影

任务引入：

曲面体在室内设计及建筑设计中的应用也十分广泛，弯曲的造型往往可以增添空间的灵动感，极具装饰性。如图 5-10 所示，曲面的连排柱子是帕提农神庙的标志，柱体上窄下宽似圆台，体现了男性健硕的体态。对较为复杂柱体的投影绘制，可以先从简单的基本曲面体入手。

(a)

(b)

图 5-10 帕提农神庙及圆台体
(a) 帕提农神庙；
(b) 圆台体

相关链接：

1. 帕提农神庙原意为"圣女宫"，是守护神雅典娜的庙，雅典卫城的主题建筑物。始建于公元前 447 年，公元前 438 年完工并完成圣堂中的雅典娜像。主要设计人是伊克底努（Iktinus）。帕提农神庙是希腊本土最大的多立克式庙宇，8 柱 ×17 柱，台基面 30.89m×69.54m，柱高 10.43m，底径 1.90m。

2. 希腊古典建筑的三种柱式：多立克柱式、爱奥尼柱式和科林斯柱式，如图 5-11 所示。

1）多立克柱式：比例粗壮，浑厚，被称为男性柱，柱头为倒圆锥台，没有柱础。应用在雅典卫城的帕提农神庙等。

2）爱奥尼柱式：比例修长，秀美，被称为女性柱，柱头有一对向下的涡卷装饰。应用在雅典卫城的胜利神庙和伊瑞克提翁神庙等。

3）科林斯柱式：比例比爱奥尼柱式更为纤细，柱头以毛茛叶纹装饰，更显华贵，但在古希腊应用并不广泛，应用在雅典宙斯神庙。

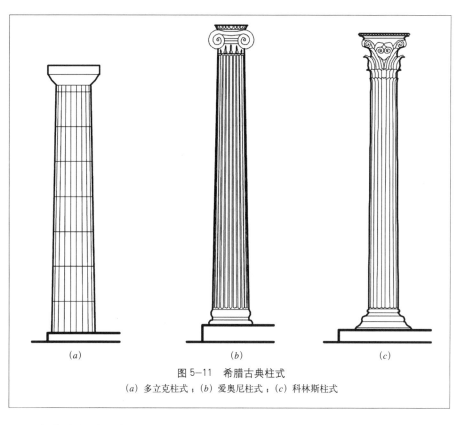

图 5-11 希腊古典柱式

(a) 多立克柱式; (b) 爱奥尼柱式; (c) 科林斯柱式

本节我们的任务就是通过对曲面体投影的分析，完成曲面体投影的绘制及求作曲面体表面点的投影。

知识链接：

表面由曲面或曲面与平面围成的立体称为曲面体。常见的曲面体有圆柱、圆锥、球等。

5.2.1 圆柱

圆柱是由圆柱面和上、下两个底面组成，如图 5-12 所示。圆柱面由一条母线 AA_1 绕着与之平行的固定轴 OO_1 旋转一周而成，圆柱面上任意一条平行于固定轴 OO_1 的母线都称为圆柱的素线，如 BB_1、CC_1 等。

1. 圆柱投影分析

如图 5-13 所示，将圆柱置于三面投影体系内，使其上、下底面平行于水平面（H 面）。

在水平投影中，圆柱的投影为一个圆，反映了上、下底面的实形。该圆也是圆柱面的积聚投影，且圆柱面上的所有点和直线的投影都积聚在圆上。

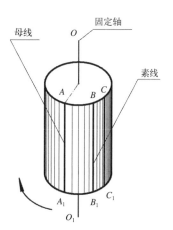

图 5-12 圆柱的形成

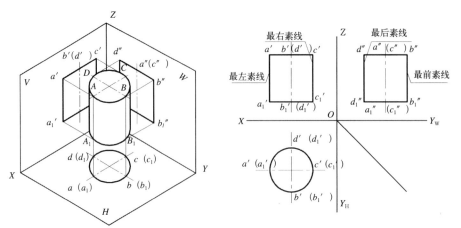

图 5-13 圆柱的投影

圆柱的正面投影与侧面投影均为大小相等的矩形。矩形的上、下边是圆柱上、下底面的投影,同时也反映了圆柱的直径。正面投影的两边 $a'a_1'$ 和 $c'c_1'$ 是圆柱最左素线 $A'A_1'$ 和最右素线 $C'C_1'$ 的投影,称为对正面的转向轮廓线。侧面投影的两边 $b'b_1'$ 和 $d'd_1'$ 是圆柱最前素线 $B'B_1'$ 和最后素线 $D'D_1'$ 的投影,称为对侧面的转向轮廓线。转向轮廓线是判断可见与不可见的分界线,转向轮廓线的高度为圆柱的高。

2. 圆柱投影作图方法

如图 5-14 所示,圆柱投影的作图步骤如下:

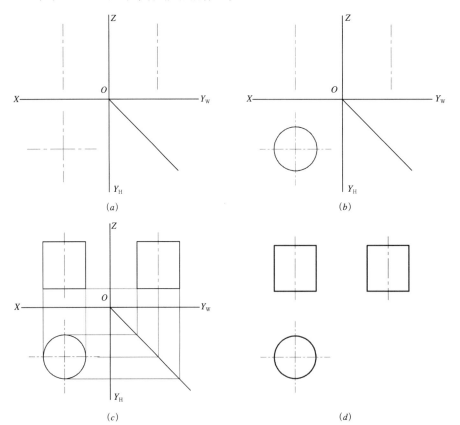

图 5-14 圆柱投影的作图步骤

（1）绘制投影轴，定位中心线和轴线位置，用细单点长画线表示，如图5-14（a）所示。

（2）画出反映实形的水平投影，即圆形，如图5-14（b）所示。

（3）根据投影规律及圆柱高度，绘制正面投影及侧面投影，如图5-14(c)所示。

（4）检查清理底稿，按规定线型加深，如图5-14（d）所示。

3. 圆柱表面上点的投影作图方法

如图5-15（a）所示，求圆柱表面点A的投影。

已知正面投影a′，利用投影积聚性可直接求出点A的水平投影a。利用点的投影规律可求出侧面投影a″，点A的侧面投影不可见，如图5-15（b）所示。

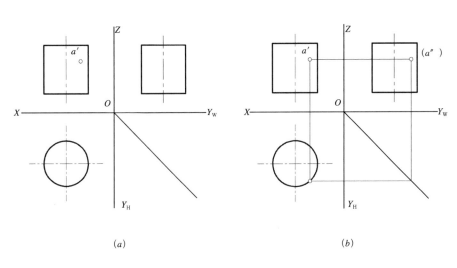

(a)   (b)

图5-15 圆柱表面点的投影

5.2.2 圆锥

圆锥是由圆锥面及一个圆形的底面组成，如图5-16所示。圆锥面由一条母线SA与固定轴相交成一定角度并保持不变旋转一周而成。圆锥面上的素线都通过锥顶。母线上任意点在圆锥面形成过程中的轨迹叫纬圆。

1. 圆锥投影分析

如图5-17所示，将圆锥置于三面投影体系内，使底面平行于水平面（H面）。

在水平投影中，圆锥的投影为一个圆。反映了底面的实形。

圆锥的正面投影与侧面投影均为大小相等的等腰三角形。三角形底边是圆锥底面的积聚投影。三角形的两个腰s′a′、s′b′和s″c″、s″d″分别是圆锥正面（V面）和侧面（W面）转向轮廓线投影。其中SA和SB为最左和最右素线，SC和SD为最前和最后素线。

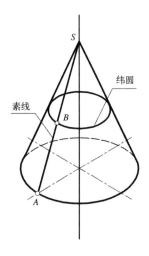

图5-16 圆锥的形成

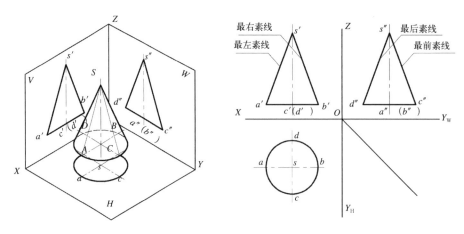

图 5-17 圆锥的投影

2.圆锥投影作图方法

如图 5-18 所示，圆锥投影的作图步骤如下：

（1）绘制投影轴，定位中心线和轴线位置，用细单点长画线表示，如图 5-18（a）所示。

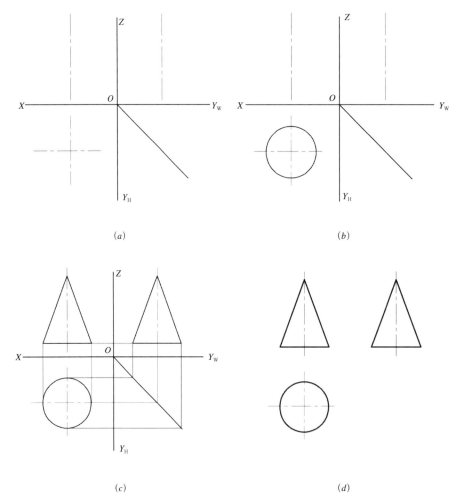

（a）

（b）

（c）

（d）

图 5-18 圆锥的作图步骤

(2) 画出反映实形的水平投影，即圆形，如图 5-18（b）所示。

(3) 根据投影规律及圆锥高度，绘制正面投影及侧面投影，如图 5-18（c）所示。

(4) 检查清理底稿，按规定线型加深，如图 5-18（d）所示。

3. 圆锥表面上点的投影作图方法

如图 5-19（a）所示，求圆锥表面点 E 的投影。

由于圆锥表面的各投影不具有积聚性，因此圆锥表面上一般位置点的投影，需采用做辅助线的方法完成。通常采用素线法和纬圆法。

1) 素线法

过点 E 作素线 SG，即连接 s′e′ 延长至 g′。完成素线 SG 的水平面投影和侧面投影，由于点 E 是素线 SG 上的一点，根据投影规律便可确定圆锥表面点 E 的投影，如图 5-19（b）所示。

2) 纬圆法

过点 E 作纬圆，即过 e′ 作水平线与圆锥最右素线相交，交点为 f′。圆锥面上点 E 落在圆锥面上的某一纬圆上，作出该纬圆的投影，便可确定点 E 投影，如图 5-19（c）所示。

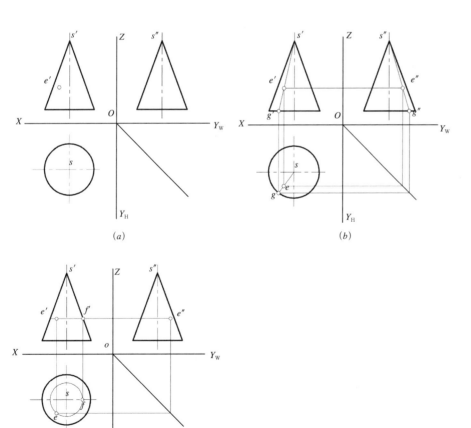

图 5-19　圆锥表面点的投影

（a）已知条件；（b）素线法；（c）纬圆法

5.2.3 球

圆以自身一中心线为固定轴，旋转一周形成球面，如图 5-20 所示。

1. 球投影分析

由于球母线本身为圆，所以球的三个投影均为圆。三个圆代表球面三个不同位置。

水平投影是上、下半圆的分界圆；正面投影是前、后半圆的分界圆；侧面投影是左、右半球分界圆，如图 5-21 所示。

2. 球投影的作图方法

如图 5-21（b）所示，球投影的作图步骤如下：

（1）绘制投影轴，定位中心线和轴线位置，用细单点长画线表示。

（2）绘制三面投影即三个大小相同的圆。

3. 球表面上点的投影作图方法

如图 5-22（a）所示，求球表面点 K 的投影。

一般采用纬圆法。球面上的点必须落在该球面上的某一纬圆上，并判断其可见性，如图 5-22（b）所示。

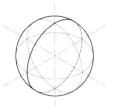

图 5-20 球的形成

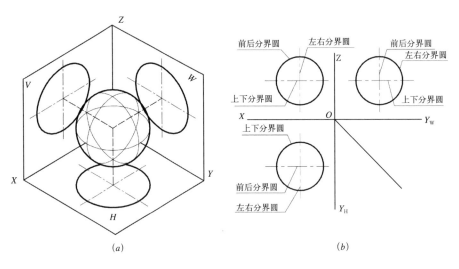

(a)   (b)

图 5-21 球的投影及
作图步骤

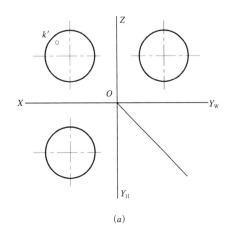

(a)

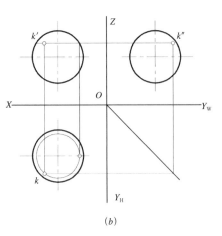

(b)

图 5-22 球表面上点
的投影

任务实施：

如图 5-23 所示，求圆台的第三面投影，并作出其表面上点 A 的其余两面投影。

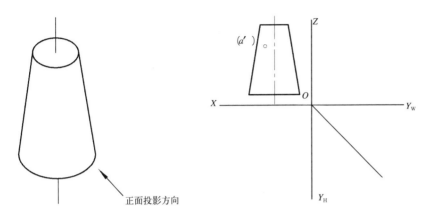

图 5-23 圆台的三面
投影及表面
点的投影

思考与讨论：

1. 常见曲面体的投影特征是什么？
2. 圆锥、球求表面点的投影的方法有哪些？

5.3 立体的截交线

任务引入：

在室内装饰构件、建筑外观或产品设计中，常常会发现一些不规则的形体，这些形体是由一个基本体被切割而形成的。如图 5-24 所示，灯具的主体外观是球，被一截面切掉了一部分。对于这个灯具的三面投影的绘制，我们除了要掌握球的投影画法外，还应了解被切掉部分截面投影的绘制方法。

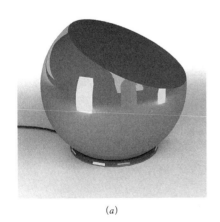

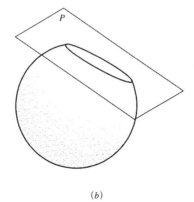

图 5-24 灯具及其立
体图
(a) 灯具；(b) 立体图

(a)　　　　　　　　　　(b)

本节我们的任务是通过对立体截交线投影的分析，掌握作立体截交线投影的方法，最终完成截断体投影绘制。

知识链接：

平面与立体相交称为截切，平面为截切立体的截切面，截切面与立体表面产生的交线称为截交线，如图 5-25 所示。当空间立体是平面体时，截交线围合成多边形；当空间立体是曲面体时，截交线一般为一条曲线。

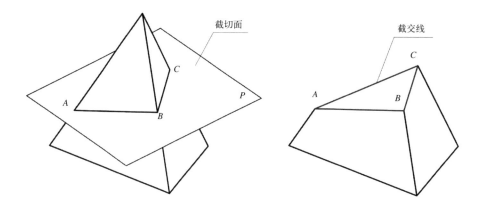

图 5-25 截切三棱锥

截交线具有共有性与封闭性两大性质：

1. 共有性：截交线既属于截切平面，也属于空间立体，是平面与立体共有的线。截交线上的点是它们的共有点。

2. 封闭性：由于立体表面是有范围的，所以截交线一般是封闭的平面图形。

根据截交线的性质，求截交线，就是求出截切面与立体表面所有共有点，然后连接各点，便可得到截交线。

截交线的投影分析及作图方法，按照立体表面性质不同分为：平面体截交线和曲面体截交线。

5.3.1 平面体截交线

求平面体截交线投影时，应先分析平面体在切割前的形状是怎样的，它是怎样被切割的，切割线的形状如何等，然后再作图。

1. 平面体截交线投影分析

如图 5-25 所示，平面 P 为正垂面与正三棱锥相交，截交线为△ABC。截交线所形成的多边形的各顶点就是正三棱锥棱线与截切面的交点。因此，求平面体上截交线的投影，只要求出棱线与截切面交点的投影（即点 A、B、C 投影），并将各投影面交点投影相连接，即得到截交线投影。

2. 平面体截交线作图方法

（1）首先应绘制正三棱锥的三面投影图。

（2）作出截交线的正面投影 a'、b'、c'。由于截切面是正垂面，故截交线的正面投影积聚为一条倾斜的直线，且三个交点投影 a'、b'、c' 也在该积聚直线上。如图 5-26（a）所示。

（3）作出交点的侧面投影 a''、b''、c''。由于点 A、B、C 即是截交线多边形的三个顶点，同时也是正三棱锥三条棱线上的点，根据投影规律即可求出相应点的侧面投影，如图 5-26（a）所示。

（4）作出交点的水平投影 a、b、c。已知点的两面投影便可求出第三面投影，如图 5-26（a）所示。

（5）判断可见性，依次连接各顶点的同面投影，即为所求截交线的三面投影，如图 5-26（b）所示。

（6）整理，完成作图。

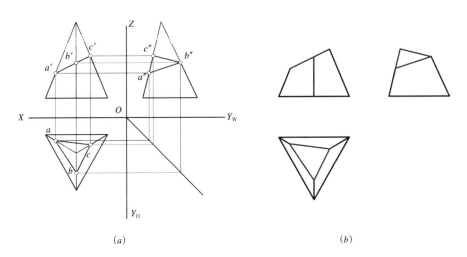

（a）	（b）

图 5-26 三棱锥截交线投影分析与作图

5.3.2 曲面体截交线

曲面体截交线有三种情况：封闭的平面曲线；曲线与直线围合成的平面图形；直线组成的平面多边形。截交线的形状取决于曲面体的形状及截切面与曲面体的相对位置。

1. 曲面体截交线投影分析

曲面体截交线上的每一点，都是截切面与曲面体表面的共有点。因此，求曲面体截交线就是求出足够多的共有点，然后将各点依次连接，即得截交线。以曲面体中的圆柱和圆锥为例，对其进行截交线投影分析。

（1）圆柱

由于截切面与圆柱轴线的相对位置不同，截交线的形状也不相同，见表 5-1。

1）当截切面垂直于圆柱轴线时，截交线为圆。

2）当截切面倾斜于圆柱轴线时，截交线为椭圆。

3）当截切面平行于圆柱轴线时，截交线为矩形。

截切面位置	垂直于圆柱的轴线	倾斜于圆柱的轴线	平行于圆柱的轴线
立体图	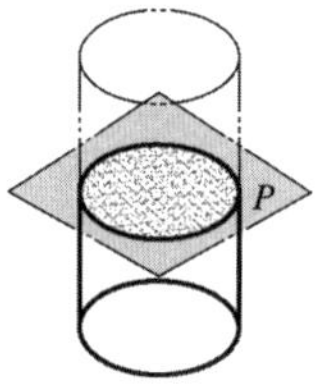	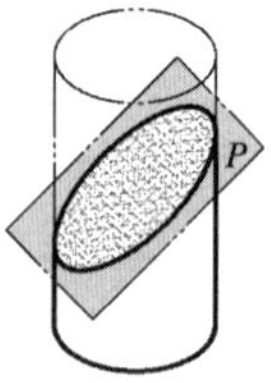	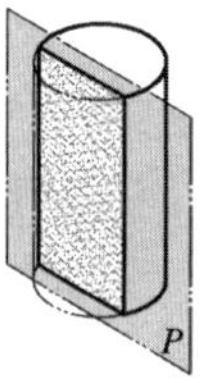
投影图	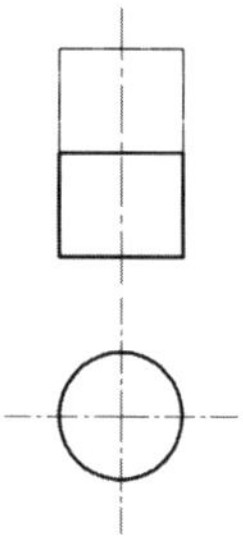	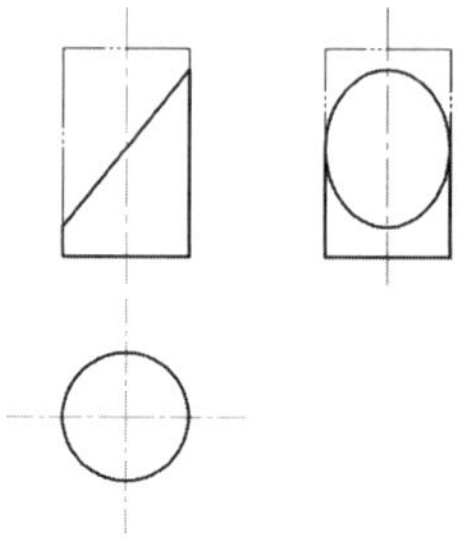	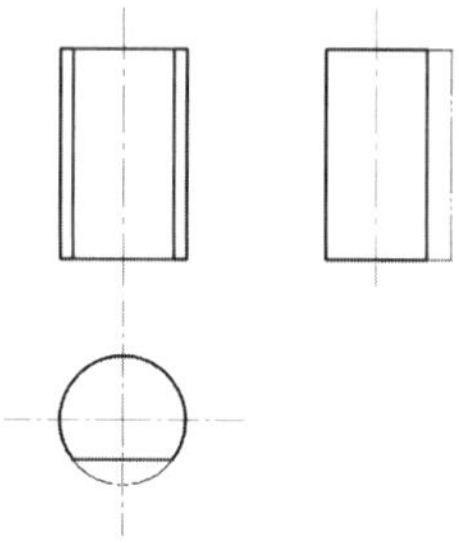
截交线投影形状	圆	椭圆	矩形

（2）圆锥

当平面与圆锥相交，根据截切面与圆锥轴线相对位置的不同，可产生五种情况，见表 5—2。

截切面位置	垂直于圆锥轴线	倾斜于圆锥轴线	平行于圆锥面上的一条素线	平行于圆锥面上两条素线	通过锥顶
立体图	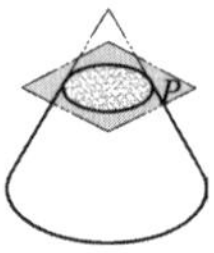	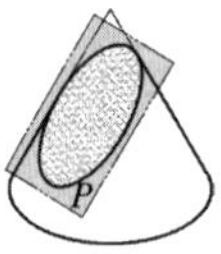	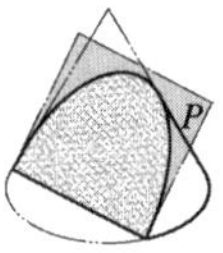	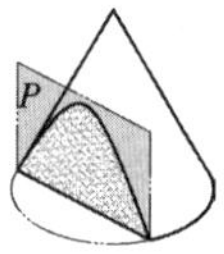	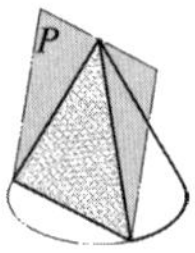
投影图	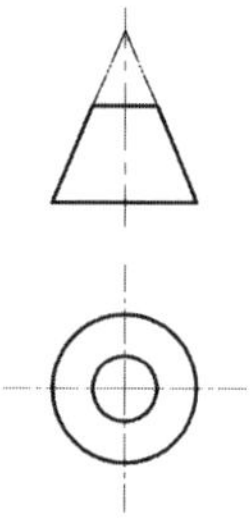	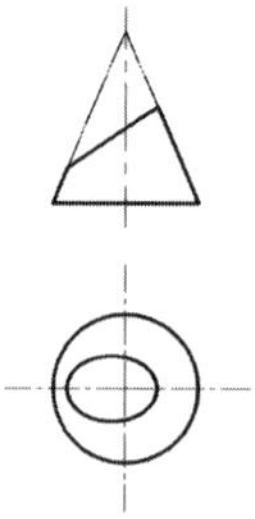	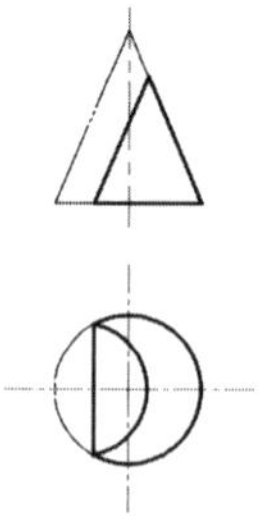	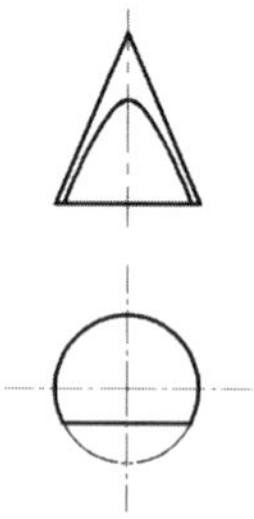	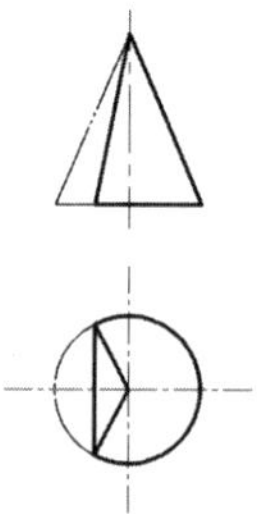
截交线投影形状	圆	椭圆	抛物线	双曲线	两条素线

1）当截切面垂直于圆锥轴线时，截交线为圆。

2）当截切面倾斜于圆锥轴线，并与所有素线都相交时，截交线为椭圆。

3）当截切面平行于圆锥面上的一条素线时，截交线为抛物线。

4）当截切面平行于圆锥面上两条素线时，截交线为双曲线。

5）当截切面通过锥顶时，截交线为两条素线。

2．圆柱截交线作图方法

如图 5-27 所示，平面 P 为正垂面，与圆柱相交，求作截交线。

（1）首先绘制圆柱的三面投影图，如图 5-28（a）所示。

（2）作出截交线的水平投影。由于圆柱的水平投影具有积聚性，所以截交线水平投影为圆，与圆柱面的水平投影圆重合，如图 5-28（a）所示。

（3）作出截交线的正面投影。截切面 P 为正垂面，因此截切线的正面投影积聚为一条直线，如图 5-28（a）所示。

（4）作出截交线的侧面投影。由于截切面 P 斜交于圆柱轴线，因此截交线为椭圆。作特殊位置点 Ⅰ、Ⅱ、Ⅲ、Ⅳ，其中 Ⅰ（1，1′）、Ⅱ（2，2′）分别为圆柱最左和最右素线上的点，Ⅲ（3，3′）、Ⅳ（4，4′）分别为圆柱最前和最后素线上的点。作一般位置点 Ⅴ、Ⅵ、Ⅶ、Ⅷ，分别作出 Ⅴ（5,5′）、Ⅵ（6,6′）、Ⅶ（7,7′）、Ⅷ（8,8′）的水平投影和正面投影。已知点的两面投影便可求出第三面投影，连接 1″、2″、3″、4″、5″、6″、7″、8″，即可求出截交线的侧面投影，如图 5-28（b）所示。

（5）判断点的可见性，整理，完成作图。

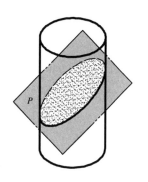

图 5-27　圆柱截交线
立体图

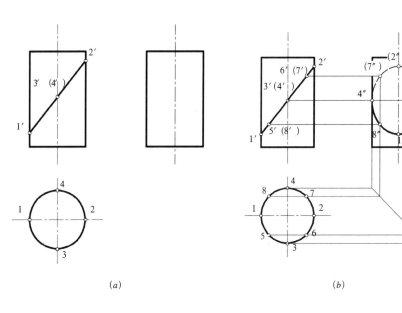

（a）　　　　　　　　　　　　　　　（b）

图 5-28　圆柱截交线
分析与作法

3．圆锥截交线作图方法

如图 5-29 所示，正垂面 P 将圆锥截切，已知正面投影，求作截断体的水平投影和侧面投影。

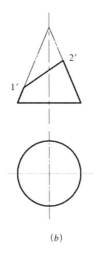

图 5-29 求 作 圆 锥 截
　　　交线投影
(a) 立体图；(b) 已知条件

（1）首先绘制圆锥的三面投影图。

（2）作截交线上的特殊点。截切面倾斜于圆锥轴线，因此截交线投影形
状为椭圆。

截切面与圆锥最左、最右素线相交点为Ⅰ、Ⅱ，根据已知条件可绘制两
交点的水平投影，点Ⅰ、Ⅱ的水平投影连线为椭圆的长轴。由于椭圆长短轴相
互垂直且均分，长轴ⅠⅡ为正平线，则短轴Ⅲ　Ⅳ为过长轴中点的正垂线，它
的正面投影3′4′就积聚在1′2′的中点。通过纬圆法作出Ⅲ、Ⅳ的水平投影3、4，
如图 5-30（a）所示。已知点的两面投影便可求出第三面投影，因此求出特殊
点Ⅰ、Ⅱ、Ⅲ、Ⅳ的侧面投影1″、2″、3″、4″。即求出椭圆长轴和短轴投影，
如图 5-30（b）所示。

（3）作截交线上的一般位置点。用纬圆法作出最前、最后素线与截切面
的交点Ⅴ、Ⅵ和一般位置点Ⅶ、Ⅷ的水平投影5、6、7、8和侧面投影5″、6″、7″、
8″，如图 5-30（b）所示。如有需要，可以根据以上方法作出截交线上的其他
一般位置点。

图 5-30 圆锥截交线投
　　　影绘制方法
(a) 截交线特殊位置点
投影；
(b) 截交线一般位置点
投影；
(c) 截断体三面投影

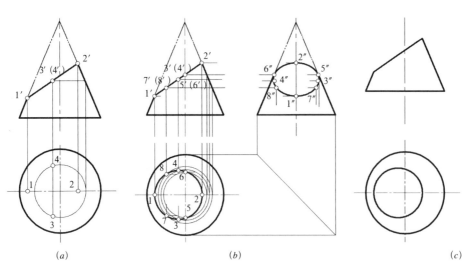

(a)　　　　　　　　　　　(b)　　　　　　　　　　　(c)

（4）连点。依次连接水平投影和侧面投影各点，即得到截交线水平投影椭圆和侧面投影椭圆。

（5）判断点的可见性，整理完成作图，如图 5-30（c）所示。

任务实施：

如图 5-31 所示，正垂面 *P* 将球体截断，已知截断体的正面投影，求作其余两面投影。

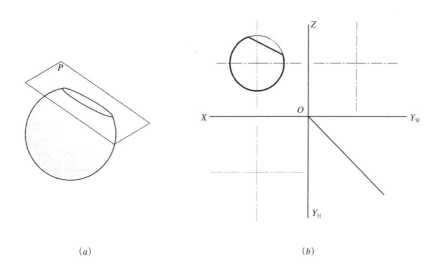

(a)   (b)

图 5-31 求作球截断
体投影
（a）立体图；（b）投影图

思考与讨论：

　　1. 什么是截交线？它具有哪些特点？

　　2. 平面与曲面体相交，截交线的特点是什么？

　　3. 圆柱截交线有几种情况？分别是什么？

　　4. 圆锥截交线有几种情况？分别是什么？

5.4　立体的相贯线

任务引入：

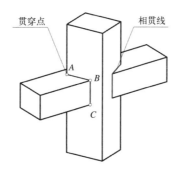

图 5-32 鲁班锁（左）
图 5-33 两四棱柱相
交（右）

在生活中我们常常会发现一些装饰构件是由两个或两个以上基本体相交后组成的。如图5-32所示，鲁班锁由几个外观为长方体的基本形体通过榫卯结合方式固定在一起。对于多个基本体交线投影的绘制，可以先从两个基本体相交展开，如图5-33所示。

相关链接:

鲁班锁，又称孔明锁、八卦锁，相传由春秋末期到战国初期的鲁班发明。结构形式来源于中国古建筑中的榫卯结构。不用钉、胶、绳子，完全靠自身结构连接支撑，看似简单却凝结着智慧。它易拆不易装，安装时需要仔细思考其内部结构，利于开发大脑，是很好玩的智力玩具。除了结构精细缜密外，其外观也很具观赏性，常作为装饰构件、礼品出现在我们生活中，如图5-34所示。

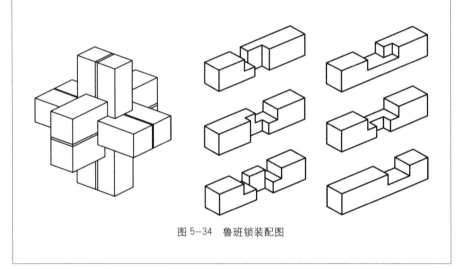

图5-34 鲁班锁装配图

本节我们的任务是通过对立体相贯线投影的分析，了解作立体相贯线投影的方法，以达到清楚表达物体真实形状的目的。

知识链接:

两立体相交称为两立体相贯，交点称为贯穿点，相贯体表面的交线称为相贯线，如图5-33所示。

相贯线具有共有性与封闭性两大性质：

1. 共有性：相贯线是两立体表面的共有线，也是两立体的分界线，相贯线上的点是两立体表面的共有点。

2. 封闭性：两立体的相贯线一般是封闭的空间折线。

根据相贯线的性质，求相贯线，就是求出相交两立体表面所有共有点，然后连接各点，并判断其可见性。

相贯线的投影分析及作图方法，按照立体表面性质不同分为：平面体相贯线和曲面体相贯线。

5.4.1 平面体相贯线

求两平面体相贯线的方法通常有两种：

一种是求贯穿点法。当平面体中的棱面投影具有积聚性时，可直接求出贯穿点，即一平面体棱线与另一立体表面的交点。将所有的贯穿点依次连接，便可求出相贯线。

另一种是辅助平面法。当平面体中的棱面投影无积聚性时，利用辅助平面求出贯穿点，然后利用第一种方法求出相贯线。

相贯线可见性判断：只有位于两立体可见棱面上的交线，才是可见。只要有一个棱面不可见，面上的交线就不可见。

1. 平面体相贯线投影分析

如图 5-35 所示，三棱锥与三棱柱相交，求相贯线。采用辅助平面法。

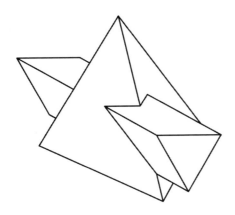

图 5-35　平面体相贯
线投影

三棱柱完全穿过三棱锥，形成前后两条相贯线。前面的相贯线是由三棱柱的三个棱面与三棱锥的前两个棱面相交，贯穿点有四个，相贯线为空间封闭折线。后面的相贯线是由三棱柱的三个棱面与三棱锥的后棱面相交，贯穿点有三个，形成三角形的相贯线。

由于三棱柱的正面投影具有积聚性，所以相贯线的投影都重合在三棱柱各棱面的正面投影上。可根据已知的相贯线正面投影求做侧面和水平投影。

2. 平面体相贯线作图方法

（1）首先绘制两个平面体外轮廓的三面投影图，如图 5-36（a）所示。

（2）作贯穿点的正面投影。由于三棱柱正面投影具有积聚性，相贯线投影与三棱柱正面投影重合，可将贯穿点的正面投影 1′、（2′）、3′、（4′）、5′、6′、（7′）直接求出，如图 5-36（a）所示。

（3）作贯穿点的水平投影。由于贯穿点 I、II、III、IV 所在三棱锥棱面不具有积聚性，因此需要采用辅助平面的方法求出贯穿点的水平投影。

沿三棱柱最上棱面（即过贯穿点 I、II、III、IV、V）作一水平辅助平面 P，沿三棱柱最下棱线（即过贯穿点Ⅵ、Ⅶ）作一水平辅助平面 Q，如图5-36（b）所示。两辅助平面（P 面和 Q 面）与三棱锥相交所形成的截交线的水平投影是两个三角形，贯穿点的水平投影就在这两个三角形上，根据点在直线上的投影规律，求出相应点的投影1、2、3、4、5、（6）、（7），如图5-36（c）所示。

（4）作贯穿点的侧面投影。已知贯穿点的两面投影，根据点的投影关系求出第三面投影1″、2″、（3″）、（4″）、5″、6″、7″，如图5-36（d）所示。

（5）连接贯穿点，判断可见性，求得相贯线。不可见相贯线和棱线用虚线表示。

（6）整理，完成作图，如图5-36（e）所示。

图5-36 平面体相贯
线作图方法
（a）贯穿点正面投影；
（b）辅助截切面 P_V 和 Q_V；
（c）贯穿点水平投影；
（d）贯穿点侧面投影；
（e）相贯线投影

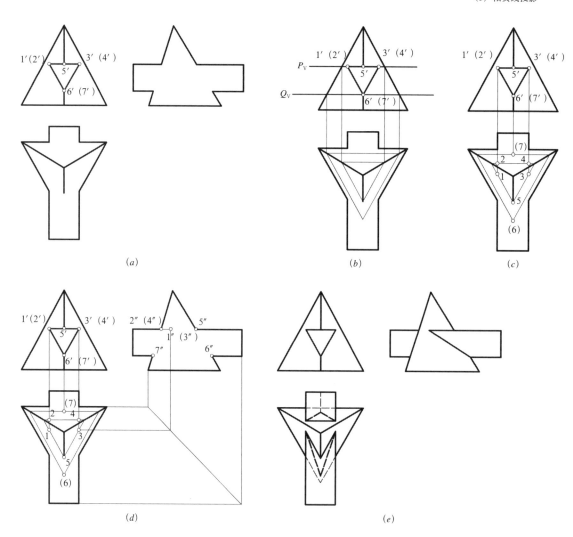

5.4.2 曲面体相贯线

两曲面体的相贯线一般为封闭的空间曲线。组成相贯线的所有点，均为两曲面体共有点。因此，求相贯线，就是求它们共有点，然后用曲线板将各点依次连接。求共有点时，应先求出相贯线上的特殊点，即最高、最低、最左、最右、最前、最后及轮廓线上的点。

求两曲面体相贯线的方法通常有两种：

一种是利用曲面体的某一积聚投影，直接求出相贯线。另一种是借助辅助平面，来求得相贯线。

1. 曲面体相贯线投影分析

如图 5-37 所示，已知两拱形屋面相交，求相贯线。

两拱形屋面均为半圆柱面。大拱素线垂直于侧面，小拱素线垂直于正面。两拱面轴线相交，且平行于水平面。相贯线为一段空间曲线，其正面投影与小拱面投影重合，侧面投影与大拱面投影重合，水平投影为一条曲线。

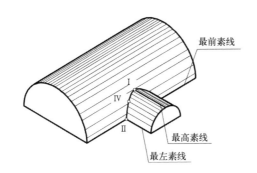

图 5-37 拱形屋面模型

2. 曲面体相贯线作图方法

（1）首先绘制两个曲面体外轮廓的三面投影图，如图 5-38（a）所示。

（2）求特殊点。点Ⅰ是小拱面最高素线与大拱面的交点，点Ⅱ和点Ⅲ是大拱面最前素线与小拱面最左和最右素线的交点。点Ⅰ、Ⅱ、Ⅲ的投影均可直接作出，如图 5-38（a）所示。

（3）求一般点。在相贯线正面投影的半圆周上任意取点 4′、5′。4″、5″ 在大拱的侧面积聚投影上。据此可求出 4、5，如图 5-38(b) 所示。

（4）连接贯穿点，判断可见性，求得相贯线。不可见相贯线和棱线用虚线表示。

（5）整理，完成作图，如图 5-38（c）所示。

图 5-38 两拱形屋面
相贯线投影
（a）特殊贯穿点投影；
（b）一般贯穿点投影；
（c）相贯线投影

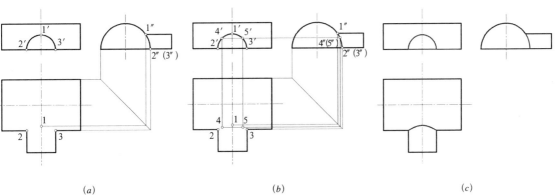

（a）   （b）   （c）

任务实施：

如图 5-39 所示，两四棱柱相交，已知相贯体外轮廓的正面投影和水平投影，求作相贯体的三面投影？

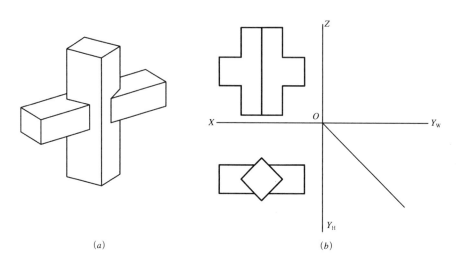

图 5-39　求作两个四棱
柱相贯体投影
(a) 立体图；(b) 投影图

(a)　　　　　　　　　　　　　　　(b)

思考与讨论：

1. 什么是相贯线？它具有哪些特点？

2. 平面体相贯线的作图方法有哪些？

3. 曲面体相贯线的作图方法有哪些？

4. 如何判断相贯线是否可见？

5.5　拓展任务

1. 完成平面体的第三面投影及其表面上各点的三面投影，如图 5-40 所示。

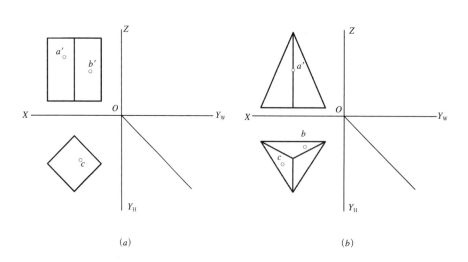

图 5-40　平面体第三面
投影及表面点
的投影

(a)　　　　　　　　　　　　　　　(b)

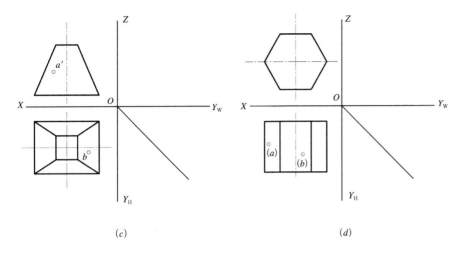

图 5-40 平面体第三面
投影及表面点
的投影（续）

(c)　　　　　　　　　　　(d)

2. 完成曲面体表面点的投影，如图 5-41 所示。

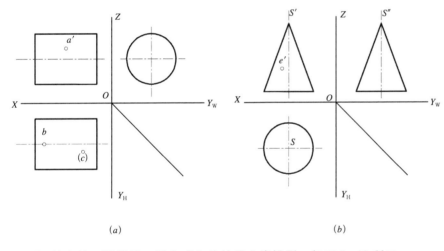

图 5-41 曲面体表面
点的投影

(a)　　　　　　　　　　　(b)

3. 补全第三面投影，并完成立体的截交线投影，如图 5-42 所示。

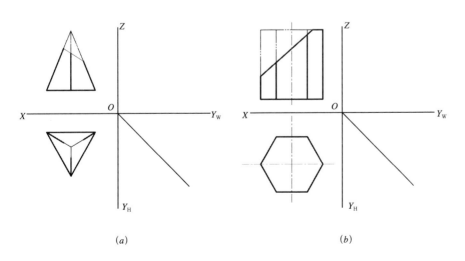

图 5-42 立体的截交
线投影

(a)　　　　　　　　　　　(b)

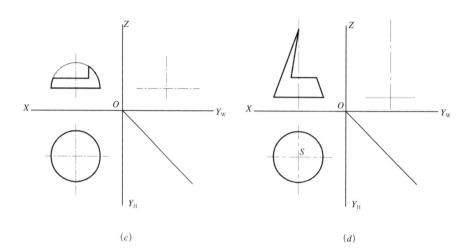

图 5-42 立体的截交线投影（续）

(c)　　　　　　(d)

4. 完成相贯体的正面投影，如图 5-43 所示。

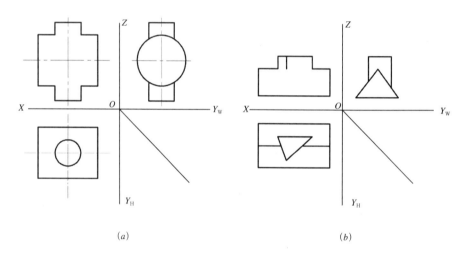

图 5-43 相贯体正面投影

(a)　　　　　　(b)

室内设计工程制图

6

教学单元6　组合体的投影

教学目标：

1. 了解组合体的形成方式。
2. 掌握组合体投影的分析方法。
3. 掌握组合体三面投影的绘制方法。
4. 掌握组合体尺寸标注。

6.1 组合体的投影分析

任务引入：

  如图 6-1 所示，对于刚接触投影训练者来说，组合体的三面投影会让我们很苦恼，无法顺利地建立起物体的三维立体形象或将立体转化为二维图形。因此，需要化繁为简，将复杂的形体拆分成若干个点、线、面和基本体。只有明白图形中的每一个点、每一条线和每一个平面的意义，才能准确完成组合体投影的绘制。

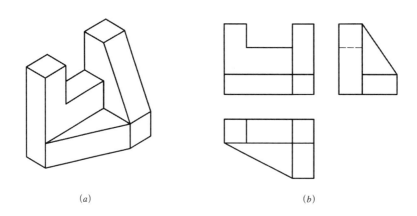

(a)   (b)

图 6-1 组合体投影
(a) 立体图；(b) 投影图

  本节我们的任务是掌握组合体投影的分析方法，为之后绘制组合体投影做好铺垫。

知识链接：

  在掌握了点、线、面、基本体投影以及投影规律的基础上，我们就可以对组合体进行分析并绘制其三面投影。同时也可以根据三面投影图想象空间立体形状，做到对二维图形与三维形体的思维转换。

6.1.1 形体分析

  无论多复杂的形体都可以看做由简单的基本体堆叠或挖切组成的。逐一弄清这些基本体的形状及连接方式，就可以绘制和阅读组合体的投影。

组合体的组成方式分为三种情况：叠加型、切割型和混合型。

1. 叠加型

是由若干个基本体通过叠加而形成的组合体。其特点犹如儿童堆积木，将一个个小积木堆积成各类造型。如图6-2（a）所示，Ⅰ号形体为长方体、Ⅱ号形体为四棱台、Ⅲ号形体为长方体、Ⅳ号形体为正方体。

2. 切割型

是将基本体进行切割后形成的组合体。对该组合体进行投影分析，可将切割掉的部分补齐。如图6-2（b）所示，图中装饰构件可视为一个较大长方体Ⅰ，减去长方体Ⅱ和长方体Ⅲ。

3. 混合型

若干基本体的组合方式既有叠加又有切割所形成的组合体，如图6-2（c）所示。对该组合体投影的分析可综合叠加型和切割型组合体投影分析方法。

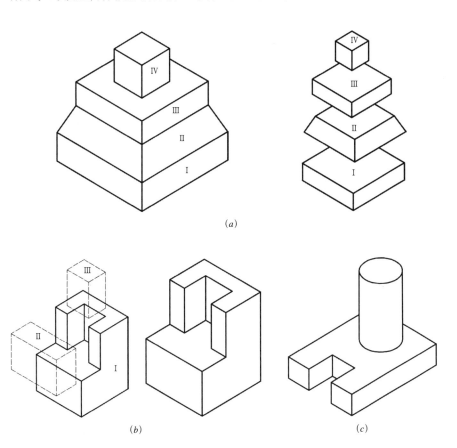

图6-2　组合体的组
　　　　成方式
(a) 叠加型；
(b) 切割型；
(c) 混合型

6.1.2　线面分析

对于较为复杂组合体的分析，除了将其拼合或拆分成若干基本几何体外，还可以利用点、线、面的投影规律。分析组合体中点、线、面的相对位置，从而掌握组合体投影，这种方法称为线面分析法。

1. 线的意义

形体的三面投影都是由线段或是由线段围成的线框构成的，运用线面分析法首先要熟悉各投影中线段可能表示的几种含义以及线框表示的面的形状与投影面的相对位置。

(1) 线段的意义

如图 6-3 所示，空间中四组不同形态组合体的两面投影，它们的正面投影完全相同，为一大一小两个矩形。由此可知，一面投影不能够确定组合体的形状，一定要联系其他投影面投影。通过已知的两面投影共同分析四组正面投影图中间相同位置的一条垂直线在不同图形中的意义。

图线 1 表示一个平面的积聚投影；图线 2 表示两个平面的交线；图线 3 表示曲面和平面的交线；图线 4 表示两个曲面的交线；图线 5 表示一个曲面的轮廓线。

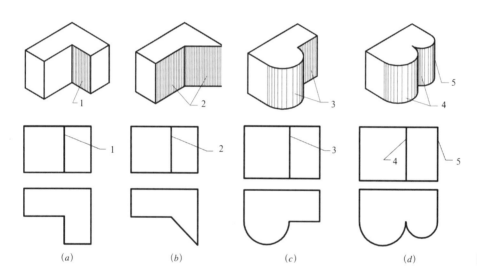

(a)　　　　　(b)　　　　　(c)　　　　　(d)　　　　　图 6-3　线段的意义

(2) 线框的意义

如图 6-4 所示，三个空间立体它们的正面投影和水平投影完全相同，但表达的内容完全不同，以正面投影为例说明线框的意义。图 6-4 (a) 表示一个平面的投影；图 6-4 (b) 表示一个斜面的投影；图 6-4 (c) 表示一个曲面的投影；图 6-4 (d) 中的线框表示一个孔洞的投影。

图 6-4　线框的意义

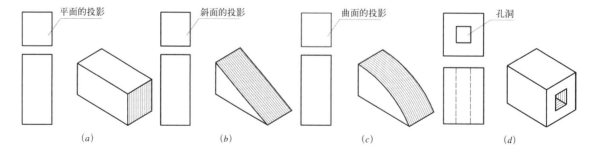

平面的投影　　　斜面的投影　　　曲面的投影　　　孔洞

(a)　　　　　　(b)　　　　　　(c)　　　　　　(d)

相邻两线框表示两个面相交，或是两个面前后、上下位置不同。如图 6-5 所示，面 I 与面 II 相交，面 III 与面 IV 处于前后位置。由此可知，一个线框仅代表一个面，一个面表示为一个线框。

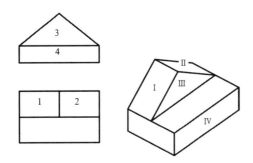

图 6-5 两相邻线框的意义

2. 面的意义

可将空间组合体看作是由若干个面围合而成，根据面的投影规律，找到各面在组合体中的位置及投影相对位置，即可完成该形体的投影分析。

如图 6-6 所示，是将一个长方体进行数次切割后形成的组合体。按平面的投影原理分析，正面投影图中的斜线（标记为 1′），此线段为面的积聚投影，是垂直于正面倾斜于其他两个投影面的正垂面。因此，水平面和侧面投影为不反映实形的类似形。依据三等关系，相应找到正垂面 1′ 的侧面投影 1″ 及水平投影 1。

正面投影图中的水平线（标记为 2′），按平面投影原理分析，此线段为面的积聚投影，是垂直于正面和侧面的水平面。依据三等关系，相应找到线段 2′ 的侧面投影 2″ 及水平面投影 2。

通过以上分析方法，利用平面的投影特性，找到面与面交线位置，依据投影图的三等关系，就可以将复杂的组合体进行面的拆解分析。

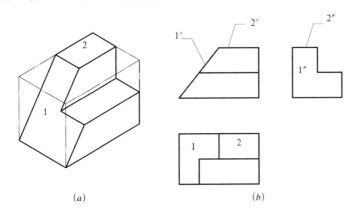

(a)   (b)

图 6-6 面的意义
(a) 立体图；(b) 投影图

6.1.3 组合体表面结合方式

组合体表面结合方式有四种：平齐、不平齐、相交和相切。

1. 平齐和不平齐

两个形体相连，且前、后表面对齐，位于一个平面上。其正面投影不应画出形体连接的位置线，如图6-7（a）所示。

两个形体相连，形体前表面对齐，后表面不对齐，其正面投影需要虚线画出不可见连接位置线，如图6-7（b）所示。如形体表面前后均不平齐，其正面投影用实线画出连接位置线，如图6-7（c）所示。

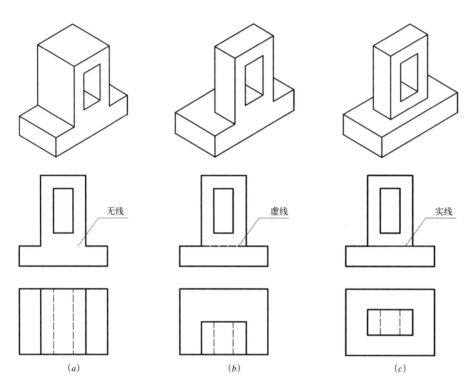

（a）　　　　　　　　　（b）　　　　　　　　　（c）　　　　　　　图6-7　平齐和不平齐

2. 相交

两形体表面相交时，在相交处应画出交线投影，如图6-8所示。

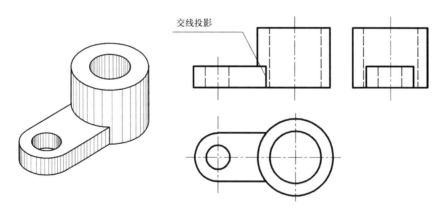

图6-8　相交

3. 相切

形体和形体相切时，面的交接处是光滑的，没有明显的棱线，画图时不应画出切线，只画到切点。如图6-9所示，顶板的侧面和圆柱面相切，在正面和侧面投影图上均需画到切点，切点位置的确定根据水平投影作出。

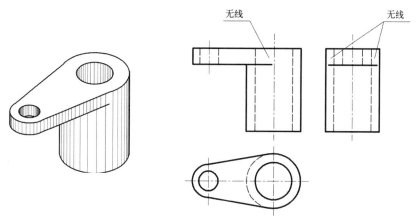

图6-9 相切

如果切线与转向轮廓线重合，则需要画线；切线与转向轮廓线不重合，则不需要画线，如图6-10所示。

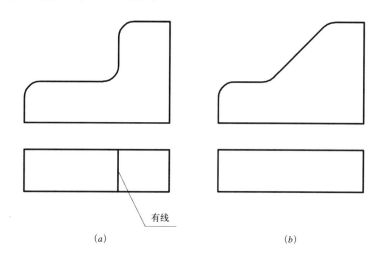

(a)

(b)

图6-10 切线与转向
轮廓线
(a) 重合；(b) 不重合

任务实施：

参照三面投影图6-11 (a)，在立体图中标出平面 A、B、C、D 的位置，并判断其投影特性。

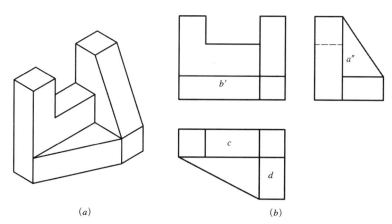

(a)

(b)

图6-11 形体投影图
与立体图
(a) 立体图；(b) 投影图

思考与讨论：

1. 形体的分析方法有哪些，各自具有什么特点？
2. 组合体表面的结合方式有哪些？

6.2 组合体投影的画法

任务引入：

如图6-12所示，房屋建筑模型是由若干基本体通过堆叠而形成的，试作其三面投影。

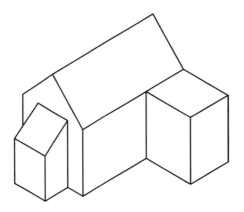

图6-12 房屋建筑模型

本节我们的任务是掌握组合体投影的绘制方法，完成组合体投影绘制。

知识链接：

对于组合体投影的画法，首先要分析形体的构成；然后选择正面投影，并确定投影图数量；最终完成组合体投影的绘制。

6.2.1 正面投影的选择

正面投影是三个投影中较为重要的投影，是体现空间形体主要特征的一面。对正面投影的选择应注意以下四个方面：

1. 考虑空间形体工作位置

如图6-13所示，两组图均表示建筑模型，但图6-13（*a*）表达得更为合适。

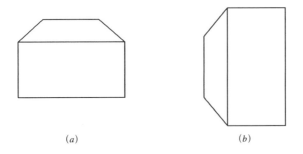

图6-13 空间形体工作位置

（*a*）正确；（*b*）不正确

（*a*） （*b*）

因为建筑的工作位置是屋顶在上、楼体在下，三面投影也应该遵循它的基本状态，以满足人们观察建筑的视觉、心理感受。

2. 体现空间形体主要特征

一般将空间形体最为精彩、最能体现形体特征的一面作为正面投影。

3. 形体各面尽量反映实形

如图 6-14 所示，两组三面投影图均表示正方体。其中，图 6-14（b）的三面投影只有水平投影反映空间形体的真实大小，另外两个投影面投影为不反映实形的类似形，无法进行尺寸标注。而图 6-14（a）所示的三面投影全部反映实形，观察者一目了然，同时方便标注。

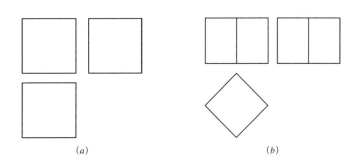

（a） （b）

图 6-14 形体各面尽量反映实形
（a）正确；（b）不正确

4. 尽量避免虚线产生

在投影图中不可见线用虚线表示，虚线往往缺乏层次感，让人产生多种联想。如图 6-15（a）所示，台阶的两面投影图，全部实线表达，层次清晰，方便阅读。图 6-15（b），由于正面投影图出现两条虚线，很难想象虚线的具体位置，因此会造成多种情况的假设，同时虚线所在位置一般不标注尺寸。

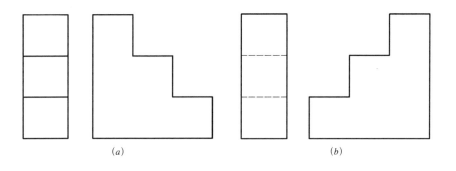

（a） （b）

图 6-15 避免虚线产生
（a）正确；（b）不正确

6.2.2 投影图数量的选择

完整表达空间形体，往往需要用三面投影来表现，但对于一些特殊形体，可以简化为两面甚至一面投影。

形体名称	圆柱	圆台	圆锥	球
立体图	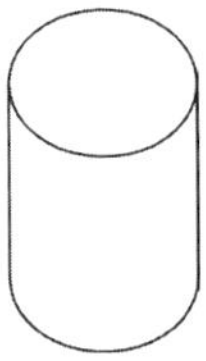	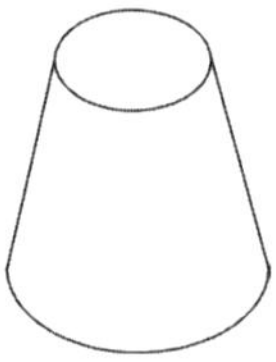	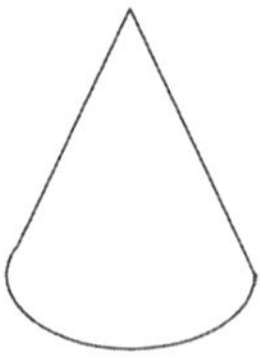	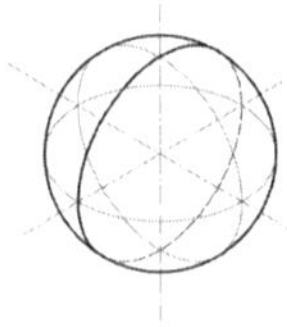
三面投影	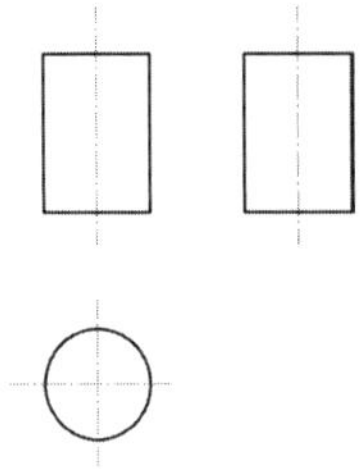	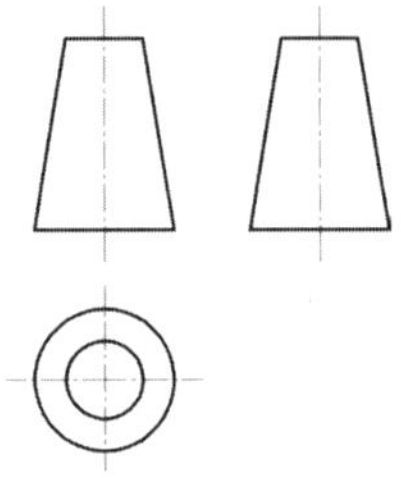	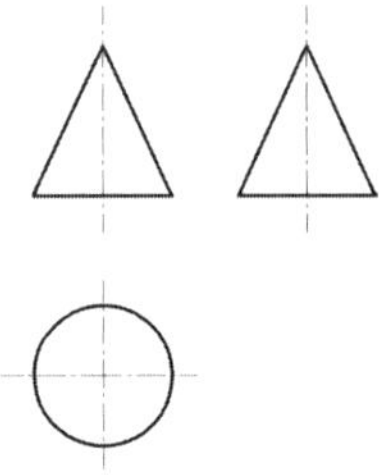	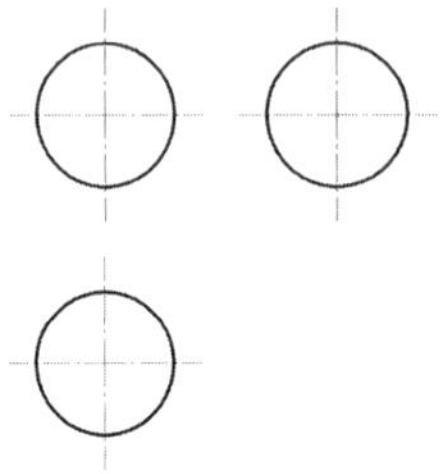
两面投影	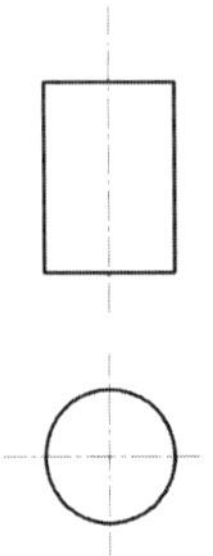	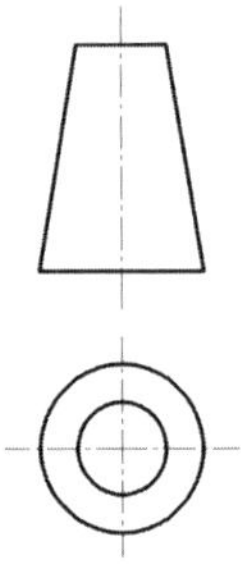	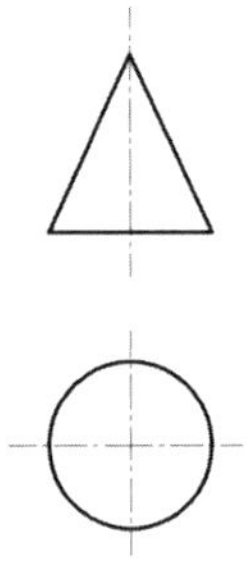	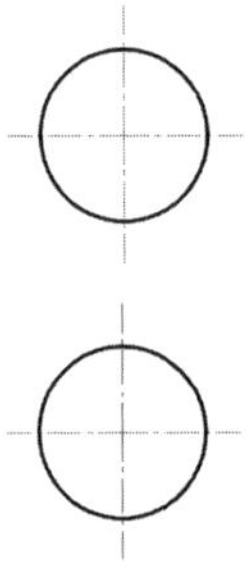
一面投影	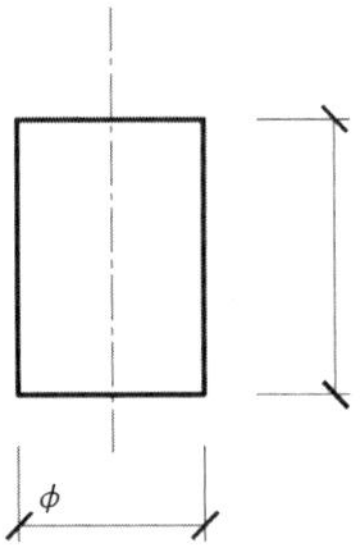 ϕ	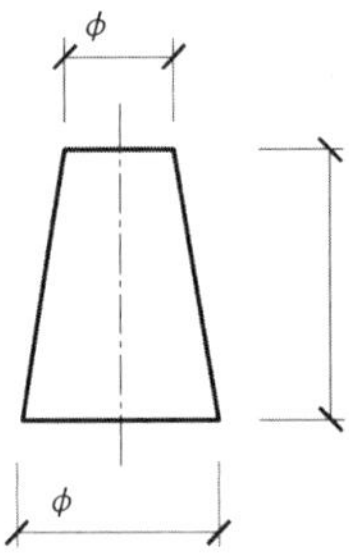 ϕ	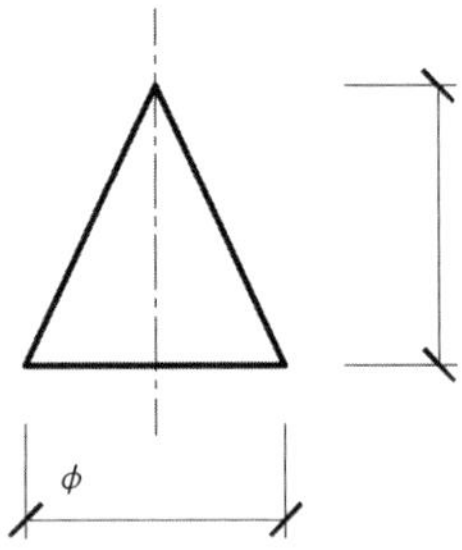 ϕ	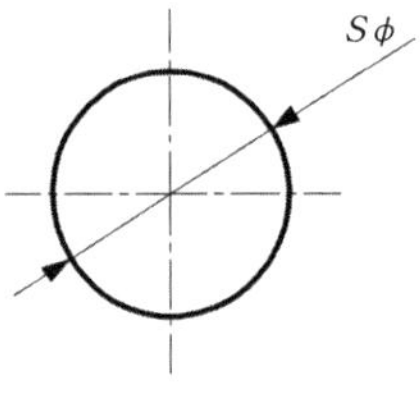 $S\phi$

表 6—1 中，四组形体分别为圆柱、圆台、圆锥和球，它们均为基本曲面体，且侧面投影与正面投影图形一致，可省略侧面投影；水平投影均为圆形，可以利用圆的直径或半径标注方法在正面图中进行标注，可省略水平投影。因此以上四种形体均可用一个投影面的投影表达，且不影响观察者对形体的理解。

通过上述分析，基本曲面体中的回转体（即素线绕固定轴旋转一周）都可以减少投影图的数量，且不影响表达空间形体的完整性。

6.2.3　组合体投影的画法

绘制复杂组合体的三面投影图，首先需要对形体进行分析，将它拼合或拆解为若干基本体；然后结合各基本体之间的连接方式和相对位置依次绘制各基本体投影图；最后检查清理底稿，按规定线型加深。

已知空间组合体如图6-16（a）所示，按照1：1的比例绘制三面投影，保留作图痕迹。

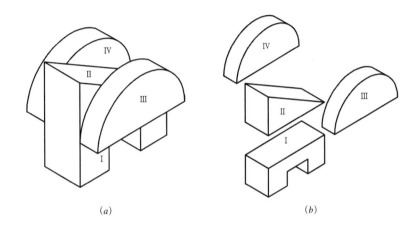

图6-16　组合体形体
　　　　分析

（a）　　　　　　　　　　　　　　（b）

1.形体分析

如图6-16（b）所示，将组合体拆解为四个基本体及较为简单的组合体。其中Ⅲ、Ⅳ号形体完全相同分布在Ⅰ、Ⅱ号形体的前后两侧。Ⅰ号与Ⅱ号形体它们存在共有面的情况。

2.绘图步骤

（1）选定比例，确定图幅。根据形体的大小选定作图比例，并在视图之间留出尺寸标注的位置和适当间距。

（2）确定投影方向及投影图数量。

（3）绘制简单组合体Ⅰ的三面投影图，不可见线用虚线表示，如图6-17（a）所示。

（4）画出基本体Ⅱ的三面投影图，由于Ⅰ、Ⅱ号形体存在共面，所以面与面平齐处不应画线，不可见线用虚线表示，如图6-17（b）所示。

（5）绘制Ⅲ、Ⅳ号基本体三面投影图，由于两基本体完全一致所以正面投影重合，Ⅱ号形体被Ⅲ号形体遮住的部分不可见应用虚线表示，如图6-17（c）所示。

（6）检查各形体相对位置、表面连接关系，确定无误后，按线型要求加深图线，完成全图，如图6-17（d）所示。

任务实施：

如图6-18所示，根据立体图绘制其三面投影。

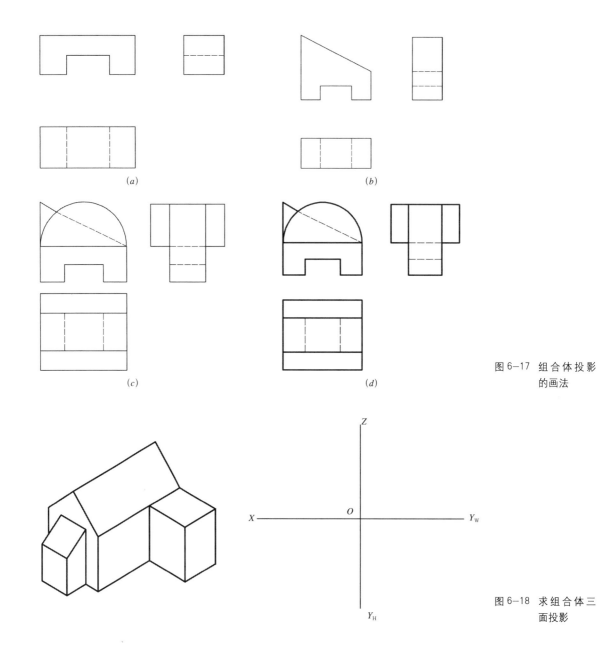

图 6-17 组合体投影的画法

(a)　(b)　(c)　(d)

图 6-18 求组合体三面投影

思考与讨论：

　　1. 正面投影的选择应注意哪些问题？

　　2. 哪些形体可以省略投影图数量？这些形体具有什么特点？

6.3　组合体的尺寸标注

任务引入：

　　三面投影图可以清晰地展示各个部件的位置关系及尺度。但在现实的工程中，光有图形是不足以指导施工的，还应标示出图形的尺寸。根据图形的内容，结合尺寸标注就可以将二维图形制作成三维立体模型。

本节我们的任务是掌握组合体尺寸标注的种类、原则和方法，完成组合体投影的尺寸标注。

知识链接：

三面投影图只能表达空间组合体的形状，而组合体各部分的真实大小及相对位置，则要通过尺寸标注来确定。由于组合体是由基本几何体通过叠加或切割等方式形成的。因此，标注尺寸必须标注各几何体的尺寸和各几何体之间相对位置的尺寸，还要考虑组合体的总尺寸。

6.3.1 基本几何体的尺寸标注

常见的基本几何体包括棱柱体、棱锥体、圆柱体、圆锥和球等。基本几何体的尺寸一般只需要标注出长、宽、高三个方向的定形尺寸。

1. 基本平面体尺寸标注。其长度和宽度方向尺寸宜标注在反映底面实际形状的水平投影图上，而高度方向尺寸宜标注在反映真实高度的正立面投影图上，如图 6–19 所示。

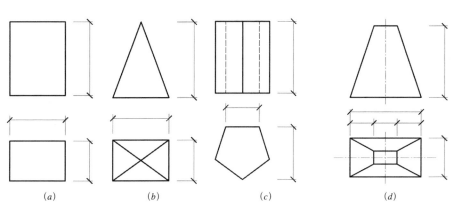

图 6–19 基本平面体尺寸标注

(*a*) 四棱柱；(*b*) 四棱锥；(*c*) 五棱柱；(*d*) 四棱台

2. 基本曲面体尺寸标注。由于基本曲面体多为回转体，可简化投影图数量。因此，尺寸标注往往可以在正面投影图上完成。表 6–1 中，圆柱、圆锥、圆台均可在正面投影图中标注直径和高度方向尺寸。需要注意，在直径数字前需加注直径符号 ϕ。

6.3.2 组合体尺寸分类

组合体的尺寸分为细部尺寸、定位尺寸和总尺寸。下面以图 6–20 为例加以说明。

1. 细部尺寸，表示各几何形状大小的尺寸

组合体中圆洞的半径尺寸为 6，二分之一圆弧的半径尺寸为 53。各形体间的尺寸，如底座高度为 11 等。

2. 定位尺寸，确定各几何体之间相对位置的尺寸

定位尺寸一般标注在定位轴线间，如四棱柱的定位尺寸为 37，圆洞的定

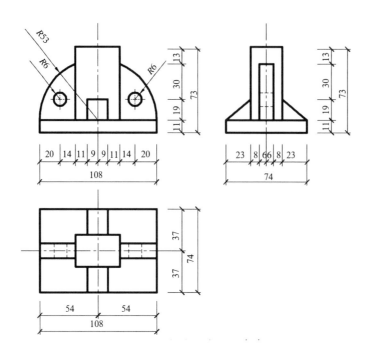

图 6-20 组合体的尺寸标注

位尺寸为 19 和 20 等。

3. 总尺寸，表示组合体总长、总宽、总高的尺寸

组合体的总尺寸为：长 108，宽 74，高 73。

6.3.3 尺寸标注应遵循的原则

1. 尺寸应尽量标注在最能反映形体特征的视图上，尽量避免在虚线上标注尺寸。

2. 与两视图有关的尺寸，应尽量标注在两视图之间。

3. 尺寸最好标注在图形之外。但有一些小尺寸，为了避免引出标注的距离太远，也可以标注在图形之内。

4. 相互平行的尺寸应将小尺寸标注在最靠近图形处。

5. 同一图上的尺寸单位应一致。

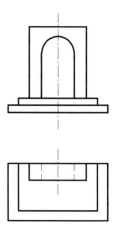

图 6-21 门洞与台阶投影图

任务实施：

如图 6-21 所示，已知门洞与台阶的正面投影和水平投影，完成侧面投影，并对三面投影进行尺寸标注。尺寸在图中量取。

思考与讨论：

1. 基本几何体需要标注几道尺寸线？

2. 组合体尺寸标注包括哪几种？

3. 尺寸标注应遵循的原则有哪些？

6.4 拓展任务

如图 6-22 所示，根据立体图，完成三面投影图的绘制，并标注尺寸，尺寸在图中进行量取。

1. 图名：组合体的三面投影。
2. 图纸：A3 幅面制图纸。
3. 比例：2∶1。
4. 要求：仪器绘制，图形轮廓线用粗实线绘制，尺寸标注用细实线绘制。

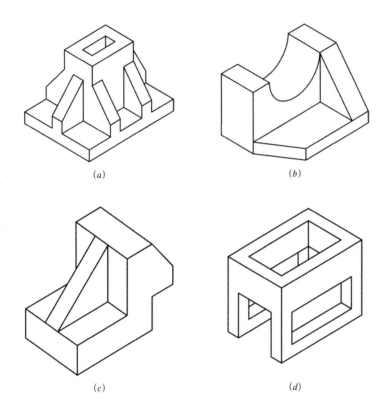

(a)　　　　　　　　　　(b)

(c)　　　　　　　　　　(d)

图 6-22　组合体投影图的绘制

7

教学单元 7 　轴测投影

教学目标：

1. 掌握轴测投影的分类及特性。
2. 掌握正轴测投影图的画法。
3. 掌握斜轴测投影图的画法。
4. 掌握轴测投影的实际应用。

7.1 轴测投影的基本知识

任务引入：

　　轴测投影是平行投影的一种情况。轴测图比正投影图更直观，比透视图更能准确体现形体长、宽、高三个向度尺寸。但由于绘制麻烦、对形体表达不全面且不能反映形体各个侧面实形等劣势，只能作为工程的辅助图样。

　　轴测图的种类很多，如图 7-1 所示，四组图形均为轴测图，由于投影角度的不同，产生的效果也有差异。那么这些轴测图是如何绘制的？可以利用这些图形帮助我们在哪些领域解决什么问题呢？

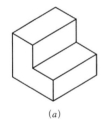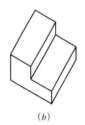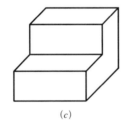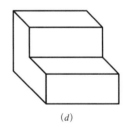

(a) (b) (c) (d)

图 7-1　轴测投影图

　　本节我们的任务是通过了解轴测投影的形成，掌握轴测投影的分类，并根据其特性，完成简单形体的轴测图绘制。

知识链接：

　　前面我们研究了形体的三面正投影图，由于正投影图度量性好，绘图简便，所以在工程实践中，常用来表达建筑物的形状与大小。但三面正投影图中的任意一个投影图都只能反映形体的两个向度，立体感不强，不易看懂。而轴测投影图在一个投影中能够同时反映形体的长、宽、高三个向度，具有很强的立体感。在工程中轴测投影图常用作辅助图样帮助识图、指导施工和安装。主要表达某些建筑构件或局部构造、房屋建筑格局、纵横交错的管道或电路、家具装配图、场地规划鸟瞰图或应用于平面传媒等各个设计领域。

7.1.1　轴测投影的形成

　　根据平行投影的原理。如图 7-2 所示，将形体连同确定其空间位置的直角坐标系（即 OX 轴、OY 轴和 OZ 轴），沿不平行于任一坐标平面的投射方向 S，投射到新增加的投影面 P 上，所得到的投影称为轴测投影。用这种方法画出的图，称为轴测投影图，简称轴测图。

投影面 P 称为轴测投影面。

三条坐标轴 OX、OY、OZ 的轴测投影 O_1X_1、O_1Y_1、O_1Z_1 称为轴测轴。

轴测轴之间的夹角称为轴间角。

由于空间形体的坐标轴是倾斜于投影面 P 进行的投影，因此轴测轴上的单位长度要比实际的长度短，在绘制轴测图时需要乘以相应的轴伸缩系数。O_1X_1、O_1Y_1、O_1Z_1 轴上的轴伸缩系数分别用 p、q、r 表示。

轴伸缩系数 = 轴测轴上的单位长度 ÷ 相应投影轴上的单位长度

即 $p=O_1X_1/OX$，$q=O_1Y_1/OY$，$r=O_1Z_1/OZ$。

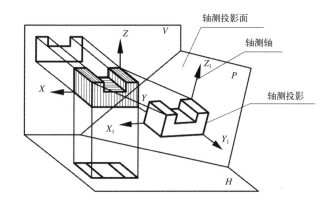

图 7-2　轴测投影的形成

7.1.2　轴测投影的分类

按投影方向与轴测投影面之间的关系，轴测投影可分为正轴测投影和斜轴测投影两类。

1. 正轴测投影

当轴测投影的投射方向 S 与轴测投影面 P 垂直时所形成的轴测投影称为正轴测投影，如图 7-3 所示。常见的正轴测投影有正等测投影、正二测投影和正三测投影，见表 7-1。

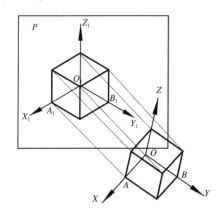

图 7-3　正轴测投影的形成

轴测投影分类		轴测轴与轴间角	轴伸缩系数	图例
正轴测投影	正等测	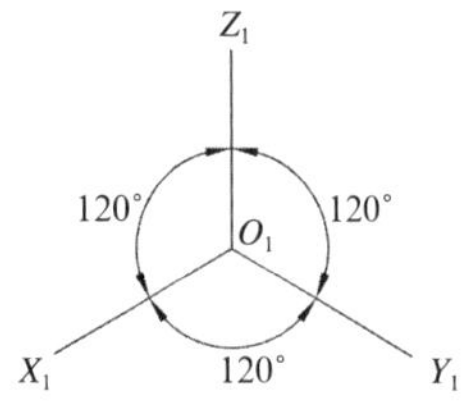	简化系数： $p=q=r=1$	
	正二测	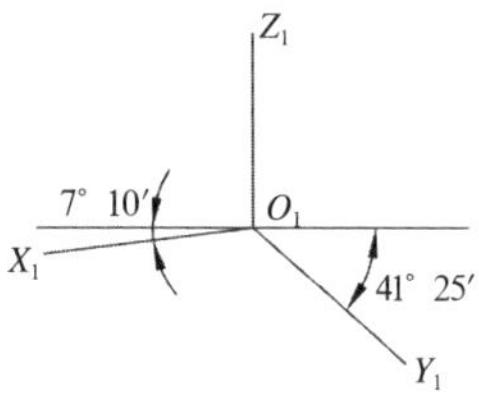	简化系数： $p=r=1$ $q=0.5$	
	正三测	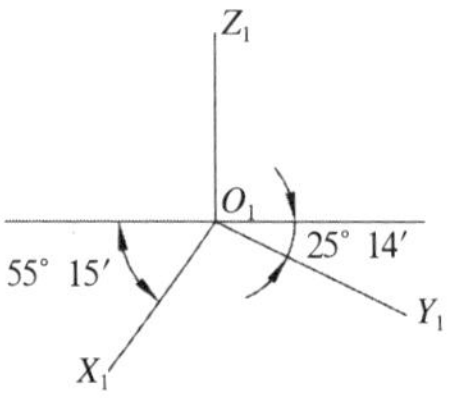	简化系数： $p=0.9$ $q=1$ $r=0.6$	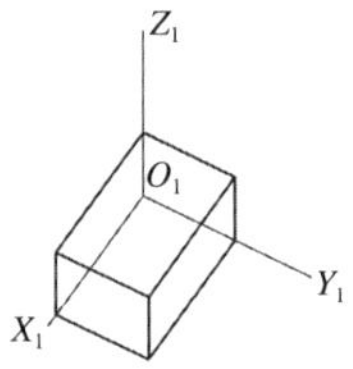
斜轴测投影	正面斜轴测	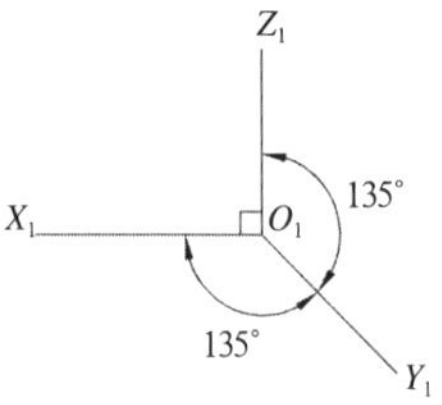	简化系数： $p=r=1$ $q=0.5$	
			简化系数： $p=r=1$ $q=0.5$	
	水平斜轴测	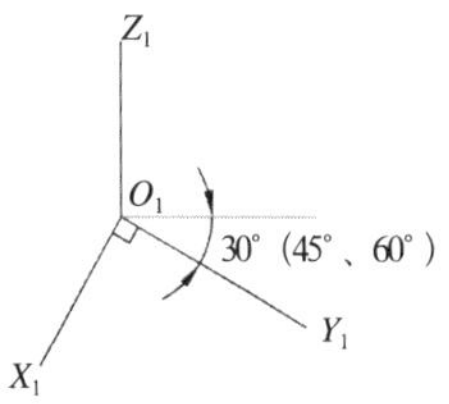	简化系数： $p=q=r=1$	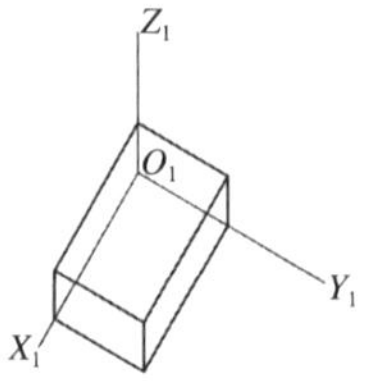

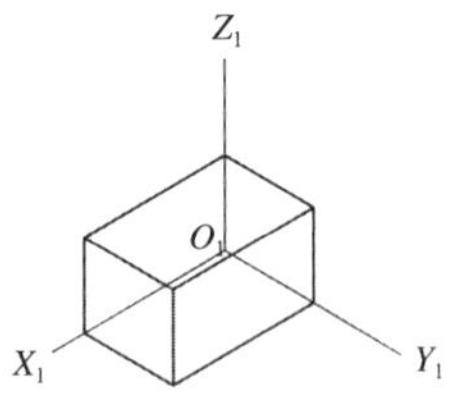

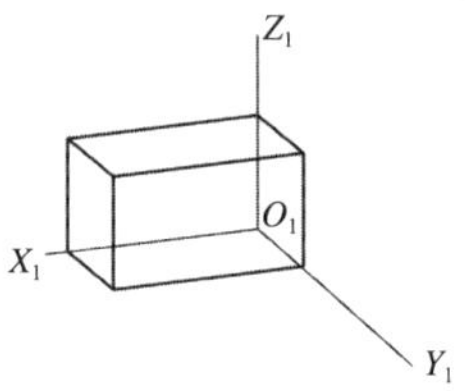

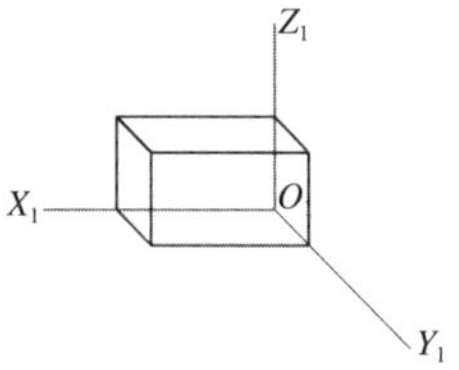

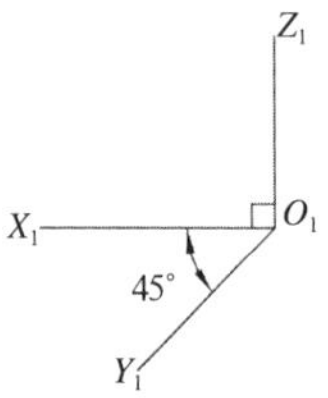

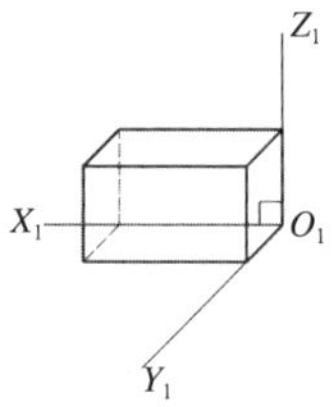

2. 斜轴测投影

当投影方向 S 与轴测投影面 P 倾斜时所形成的轴测投影称为斜轴测投影，如图 7—4 所示。常见的斜轴测投影有正面斜轴测投影和水平斜轴测投影，见表 7—1。

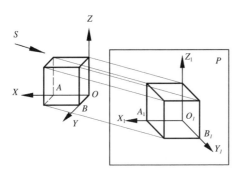

图 7—4 斜轴测投影的形成

7.1.3 轴测投影的特性

1．同素性：点的轴测投影仍是点，直线的轴测投影还是直线。

2．从属性：若空间一点属于某一直线，则点的轴测投影也必在该直线的轴测投影上。

3．平行性：凡空间平行直线段其轴测投影仍平行，且伸长缩短程度相同；若直线段与空间直角坐标系中的某一轴平行，则其轴测投影也与该轴的轴测投影平行，且伸缩变化程度也与该轴伸缩系数相同。

4．实形性：当空间平面图形与轴测投影面平行时，其轴测投影反映实形。

请注意：

1．轴测图的可见轮廓线用中实线绘制，断面轮廓线用粗实线绘制。

2．轴测图的断面上应绘制材料图例线，图例线根据断面所在坐标面的轴测方向绘制，如图 7—5 所示。

3．轴测图的角度尺寸，应标注在该角所在的坐标面内，尺寸线应画成相应的椭圆弧或圆弧，尺寸数字应水平方向注写，如图 7—6 所示。

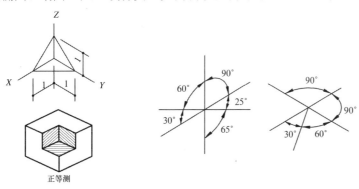

图 7—5 轴测图断面图例线画法　　图 7—6 轴测图角度的标注方法

任务实施：

　　如图 7-7 (*a*) 所示，已知柱基的正投影图，在图 7-7 (*b*) 的轴测轴上完成柱基的正等测投影图。

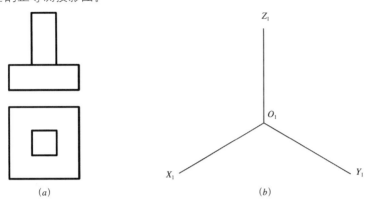

(*a*)　　　　　　　　　　(*b*)

图 7-7　作柱基的轴
测图
(*a*) 已知条件；
(*b*) 作正等侧投影图

思考与讨论：

　　1. 什么是轴测投影？什么是轴间角？什么是轴伸缩系数？

　　2. 轴测投影分为几类？

7.2　正轴测投影

任务引入：

　　如图 7-8 所示，床头柜的三面投影图及其正轴测投影图。那么，是如何将二维的图形转变为具有立体感的正轴测投影图的呢？对于较为复杂形体的绘制，有什么绘图方法能够辅助我们顺利地完成呢？

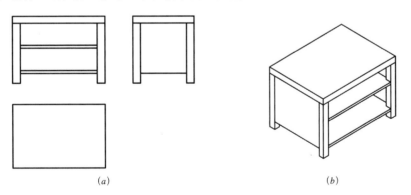

(*a*)　　　　　　　　　　(*b*)

图 7-8　床头柜投影
图和正轴测
投影图
(*a*) 投影图；
(*b*) 正轴测投影图

　　本节我们的任务是学习正轴测投影，并以正等测投影为例，掌握正等测投影的形成及绘制方法，完成一件家具的正等测图绘制。

知识链接：

　　正轴测投影分为正等测投影、正二测投影和正三测投影。其中，正等测投影最为常见，绘制也相对容易。

7.2.1　正等测投影的形成

投射方向 S 垂直于轴测投影面 P，且形体上三个坐标轴的轴伸缩系数相等，和轴间角均相等。此时在 P 面上所得到的投影称为正等轴测投影，简称正等测。如图 7-3 所示。

正等测的轴伸缩系数 $p=q=r=0.82$，为方便作图习惯上把轴伸缩系数简化为 1，即 $p=q=r=1$。这样可按实际尺寸测量并制图，但绘制出的图形比实际轴测投影大，各轴向长度均放大 $1/0.82 \approx 1.22$ 倍。如图 7-9 所示，左侧图形按照轴伸缩系数为 0.82 绘制，右侧图形按照简化系数 1 绘制，很明显右侧图形大于左侧图形。

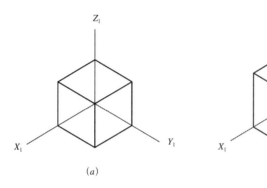

(a)　　　　　　　　　　(b)

图 7-9　轴伸缩系数
　　　　为 0.82 和 1
　　　　的区别
(a) 轴伸缩系数为 0.82；
(b) 轴伸缩系数为 1

轴间角 $\angle X_1O_1Z_1 = \angle X_1O_1Y_1 = \angle Y_1O_1Z_1 = 120°$，如图 7-10$(a)$ 所示。画图时，规定把 O_1Z_1 轴画成铅垂位置，而 O_1X_1 轴和 O_1Y_1 轴与水平线均成 30° 角，故可直接用 30° 三角板作图，如图 7-10 (b) 所示。

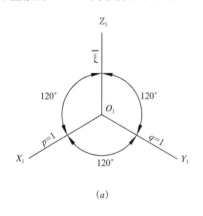
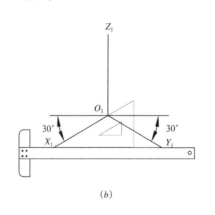

(a)　　　　　　　　　　(b)

图 7-10　正等测投影
　　　　　轴间角、轴
　　　　　测轴的画法
(a) 轴间角；
(b) 轴测轴的画法

7.2.2　平面体正等测图的画法

根据形体的特点，绘制轴测图一般采用坐标法、切割法、叠砌法和端面法等。下面分别结合几种绘制方法，完成平面体正等测图的绘制。

1. 坐标法

根据坐标关系，画出形体各顶点的轴测图，然后将各顶点连接，得到形体轴测图。

如图 7-11（a）所示，已知形体的正投影，求作正等测图。

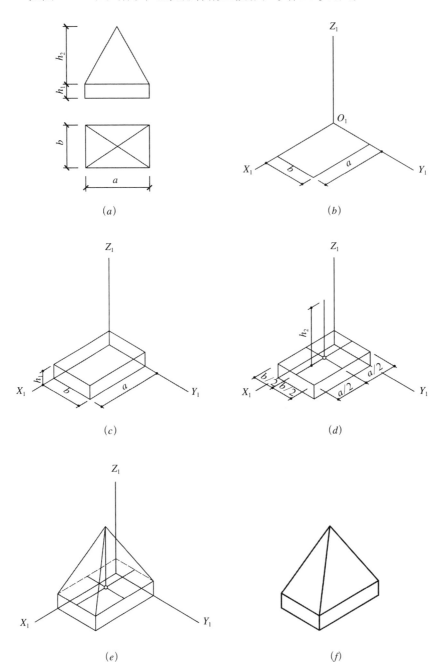

图 7-11　坐标法作形体
的正等测图
(a) 已知条件；
(b) 作长方体底面；
(c) 作长方体；
(d) 四棱锥顶点在长方体
顶面上的水平投影；
(e) 作四棱锥；
(f) 形体的正等测图

(1) 形体分析。由长方体和四棱锥组成。可先绘制长方体，再完成四棱锥。

(2) 绘制轴测轴。轴间角均为 120°，其中 O_1Z_1 轴按铅垂线位置绘制。

(3) 绘制长方体底面。沿 O_1X_1 轴方向量取长度 a，沿 O_1Y_1 轴方向量取宽度 b，如图 7-11（b）所示。

(4) 完成长方体正等测图。从底面各顶点引铅垂线（即各铅垂线均平行于 O_1Z_1 轴），并在铅垂线上量取高度尺寸 h_1，连接各点，即得到长方体正等测图。在一般情况下，不可见棱线不用画出，如图 7-11 (c) 所示。

（5）完成四棱锥正等测图。四棱锥底面与长方体顶面重合。棱锥侧棱线为空间一般位置直线，其投影方向及伸缩系数未知。因此只能先绘制棱锥顶点的正等测图，然后连成斜线。找到顶点在长方体顶面上的投影，然后画铅垂线截取高度 h_2，如图 7-11 (d) 所示。将顶点与长方体顶面四个顶点相连，即得到四棱锥正等测图，如图 7-11 (e) 所示。

（6）清理底稿，按要求加深线型，完成形体正等测图，如图 7-11 (f) 所示。

2. 叠砌法和切割法

绘制组合体的正等测图，首先可以将组合体看做是由若干基本几何体通过叠砌或切割后而形成的；然后绘制基本几何体的正等测图；再按照形体的形成过程进行叠砌或切割，最终完成组合体的轴测图。

如图 7-12 (a) 所示，已知形体的正投影图，求作正等测图。

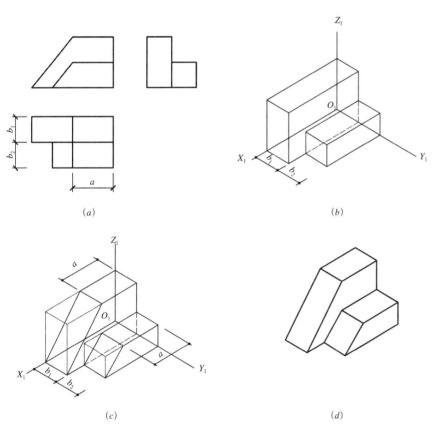

(a)

(b)

(c)

(d)

图 7-12 叠砌法和切割法作形体的正等测图
(a) 已知条件；
(b) 作长方体；
(c) 作切割体；
(d) 形体的正等测图

（1）形体分析。由两个长方体叠砌和切割组成。

（2）绘制轴测轴。轴间角均为 120°，其中 O_1Z_1 轴按铅垂线位置绘制。

（3）绘制未切割前长方体的正等测图，如图 7-12 (b) 所示。

（4）完成切割后形体正等测图。在已画完的长方体上切去一角，画出斜面。作图时，在长方体顶面沿 O_1X_1 轴方向量取 a，分别连接对应点，即得到组合体的正等测图，如图 7-12 (c) 所示。

(5) 清理底稿,按要求加深线型,完成形体的正等测图,如图 7-12 (d) 所示。

3. 端面法

凡是底面比较复杂的形体,都可以先画出端面,然后过端面上的各可见点,依据各点在 OZ 轴上的投影高度,得到另一端面各顶点,连接各顶点即可得到轴测图。

如图 7-13 (a) 所示,已知台阶的正投影图,求作正等测图。

(1) 形体分析。台阶由两侧栏板和两级台阶组成。一般先绘制两侧栏板,再绘制踏步。

(2) 绘制轴测轴。轴间角均为 120°,其中 O_1Z_1 轴按铅垂线位置绘制。

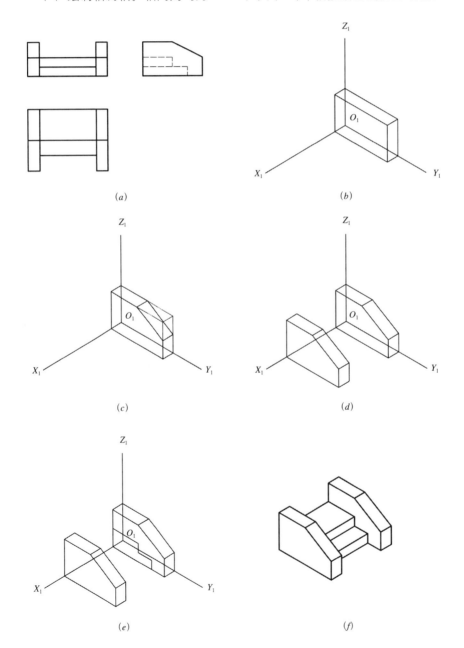

图 7-13 端面法作台阶
　　　　的正等测图
(a) 已知条件;
(b) 作长方体;
(c) 作右侧栏板;
(d) 作左侧栏板;
(e) 作踏步;
(f) 台阶的正等测图

(3) 绘制栏板。根据栏板的长、宽、高画出长方体，如图 7-13（b）所示。

由于栏板被切去一角，斜边的投影方向和伸缩系数未知，因此，先画出两条与 OX 轴平行的边，然后连接对应点，画出斜边，即得到栏板斜面，如图 7-13（c）所示。

按照同样的方法绘制另一侧栏板，如图 7-13（d）所示。

(4) 绘制踏步。在右侧栏板内侧（平行于 W 面），先画出踏步的侧面形状，如图 7-13（e）所示，然后过每个顶点作平行于 O_1X_1 轴的平行线，即得到踏步正等测图。

(5) 清理底稿，按要求加深线型，完成台阶的正等测图，如图 7-13（f）所示。

7.2.3　曲面体正等测图的画法

曲面体正等测图的绘制方法可以参考平面体的正等测图画法，在此基础上增加了网格法。

1. 水平圆的正等测图画法

水平圆的水平投影为圆，而正等测投影为椭圆。

如图 7-14（a）所示，已知圆的水平投影，求作正等测图。

(1) 形体分析。圆的正等测图为椭圆，椭圆由四段圆弧构成，分别求出四段圆弧的弧心和半径，即可完成椭圆的绘制。

(2) 画圆的外切正方形 1234 与圆相切于 a、b、c、d，如图 7-14（a）所示。

(3) 绘制轴测轴。轴间角均为 120°，由于水平面为二维图形所以不涉及高度问题，因此 O_1Z_1 轴不在图中出现。另外，圆为轴对称图形，可将 O_1X_1 轴和 O_1Y_1 轴延长，使原点作为水平圆圆心点的正等测投影。

(4) 作外切正方形正等测投影图。在 O_1X_1、O_1Y_1 轴上截取 $O_1A_1 = O_1C_1$

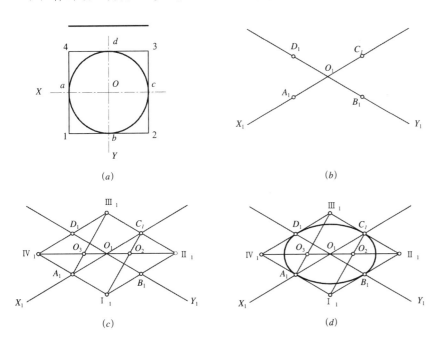

（a）

（b）

（c）

（d）

图 7-14　水平圆的正
　　　　　等测图画法

(a) 已知条件；
(b) 作切点正等测投影；
(c) 作外切棱形和四个弧心；
(d) 水平圆的正等测图

$= O_1B_1 = O_1D_1 = R$，得 A_1、B_1、C_1、D_1 四点，如图 7-14(b) 所示。

过 A_1、B_1、C_1、D_1 四点分别作 O_1X_1、O_1Y_1 轴的平行线，得棱形 I_1、II_1、III_1、IV_1。连 I_1C_1、III_1A_1 分别交 II_1、IV_1 于 O_2 和 O_3，如图 7-14 (c) 所示。

（5）作圆的正等测投影图。分别以 I_1、III_1 为圆心，I_1C_1、III_1A_1 为半径画圆弧 C_1D_1、A_1B_1，以 O_2、O_3 为圆心，O_2C_1、O_3A_1 为半径画圆弧 B_1C_1、A_1D_1。四段圆弧光滑相连即为近似椭圆，如图 7-14 (d) 所示。

2. 圆角的正等测图画法

如图 7-15 (a) 所示，已知平板的正投影图，求作正等测图。

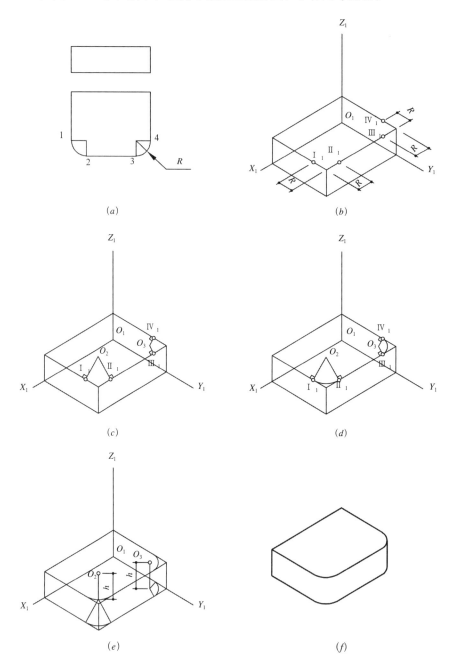

图 7-15　圆角的正等测图画法

(a) 已知条件；
(b) 作长方体和确定切点位置；
(c) 作圆角圆心；
(d) 作顶面圆角；
(e) 作底面圆角；
(f) 平板的正等测图

（1）形体分析。可视作将一个长方体的前左侧和前右侧两棱边进行倒角后而形成的。

（2）绘制轴测轴。轴间角均为120°。

（3）作长方体正等测图，按圆角半径 R 确定切点 I₁、II₁、III₁、IV₁，如图 7-15（b）所示。

（4）作平板顶面圆角正等测图。过切点 I₁、II₁、III₁、IV₁ 分别作相应棱线的垂线，得交点 O_2、O_3，如图 7-15(c) 所示。

以 O_2 为圆心，O_2 I₁ 为半径做圆弧 I₁ II₁。以 O_3 为圆心，O_3 III₁ 为半径作圆弧 III₁ IV₁，得平板顶面圆角的正等测图，如图 7-15（d）所示。

（5）作平板底面圆角正等测图。将圆心 O_2、O_3 下移至平板厚度 h，用同样方法得平板底面圆角的正等测图，如图 7-15（e）所示。

（6）画出切线，用曲线板和直尺按要求加深线型，完成平板的正等测图，如图 7-15（f）所示。

3. 曲线的正等测图画法

绘制不规则曲面体时，可用辅助网格对曲线定位。然后在网格的正等测投影图上画出曲线，如图 7-16 所示。

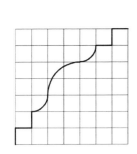
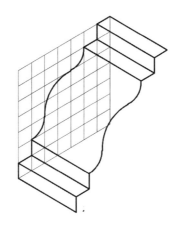

图 7-16 曲线的正等测图画法

任务实施：

1. 任务内容：测量、并绘制教室课桌的三面投影图及正等测图。

2. 任务要求

（1）图纸规格：A3 绘图纸（420mm×297mm）。

（2）比例自定。

（3）三面投影图需要标注尺寸，正等测图不需要标注尺寸。

（4）每张图纸需要标题栏、会签栏。其中标题栏包括图名、姓名、班级、指导教师等。

（5）采用绘图仪器和工具绘制。

(6) 保持图面整洁、图线清晰，充分合理利用各种制图工具。

思考与讨论：

1. 轴测图的画法有几种？各自具有哪些特点？

2. 正等测图的轴间角、轴伸缩系数是多少？

3. 如果想量取高度方向的尺寸必须在 O_1Z_1 轴上量取吗？是否可以在与 O_1Z_1 平行的其他铅垂线上量取？

7.3 斜轴测投影

任务引入：

在一些楼盘广告中，我们常常会看到这样的鸟瞰图，如图 7-17 所示。这些图形均为斜轴测投影图，它们是如何绘制的呢？

图 7-17　鸟瞰图

本节我们的任务是通过学习斜轴测投影中的正面斜投影和水平斜投影的形成及画法，完成空间斜轴测投影图的绘制。

知识链接：

应用较为广泛的斜轴测投影有正面斜轴测投影和水平斜轴测投影。

7.3.1　正面斜轴测投影

1. 正面斜轴测投影的形成

以 V 面或 V 面平行面作为轴测投影面，所得的斜轴测投影，称为正面斜轴测投影。

正面斜轴测投影的特征是：正面反映实际形状，即 O_1X_1 轴和 O_1Z_1 轴的轴伸缩系数为 $p=r=1$，轴间角 $\angle X_1O_1Z_1=90°$。而 O_1Y_1 轴将随着投影方向 S 的变化，使其伸缩系数和轴间角发生变化。一般将 O_1Y_1 轴的轴伸缩系数定为 $q=0.5$，$\angle X_1O_1Y_1=\angle Y_1O_1Z_1=135°$，如图 7-18（a）所示。

画图时，规定把 O_1Z_1 轴画成铅垂位置，O_1X_1 轴垂直于 O_1Z_1，O_1Y_1 轴与水平线均成 45°角，故可直接用 45°三角板作图。

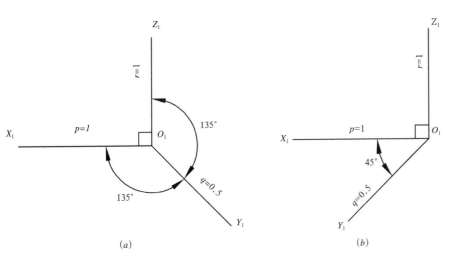

图7-18 正面斜轴测
投影轴测轴、
轴间角及轴
伸缩系数

(a)　　　　　　　(b)

相关链接：

正面斜轴测投影的轴测轴也可绘制为图7-18（b）的形式。

其轴伸缩系数为$p=r=1$、$q=0.5$。

轴间角$\angle X_1O_1Z_1=90°$、$\angle X_1O_1Y_1=45°$、$\angle Y_1O_1Z_1=225°$

2. 正面斜轴测投影图画法

如图7-19（a）所示，已知形体的正投影，绘制其正面斜轴测图。

1）形体分析。由三个长方体组合而成。

2）绘制轴测轴，如图7-18（a）所示。

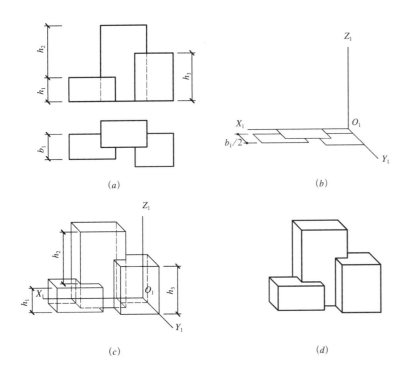

(a)　　　　　　　(b)

(c)　　　　　　　(d)

图7-19 形体的正面斜
轴测图画法
（a）已知条件；
（b）作组合体底面；
（c）作长方体；
（d）组合体的正面斜轴测图

3）作组合体底面的正面斜轴测图。从右侧长方体开始依次绘制，宽度方向（O_1Y_1 轴）尺寸需要乘以轴伸缩系数 0.5，如图 7-19（b）所示。

4）作长方体正面斜轴测图。从底面各顶点引铅垂线，并在铅垂线上量取高度尺寸 h_1、h_2、h_3，连接各点，即得到组合体正面斜轴测投影图，如图 7-19（c）所示。

5）清理底稿，按要求加深线型，完成绘制，如图 7-19（d）所示。

7.3.2 水平面斜轴测投影

1．水平面斜轴测投影的形成

若以 H 面或 H 面平行面作为轴测投影面，则得水平面斜轴测投影。

水平面斜轴测投影的特征是：水平面反映实际形状，即 O_1X_1 轴和 O_1Y_1 轴的轴向伸缩系数为 $p=q=1$，轴间角 $\angle X_1O_1Y_1=90°$。而 O_1Z_1 轴将随着投影方向 S 的变化，使其伸缩系数和轴间角发生变化。而一般将 O_1Z_1 轴的轴伸缩系数定为 $r=1$，轴间角 $\angle X_1O_1Z_1=150°$ 或 $135°$ 或 $120°$，如图 7-20 所示。

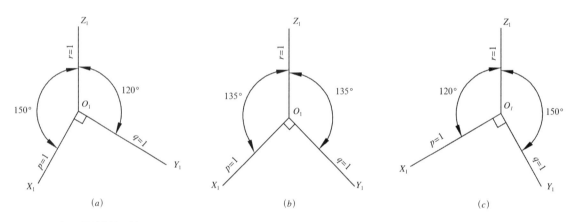

（a） （b） （c）

2．水平面斜轴测投影图画法

如图 7-21（a）所示，根据房屋的立面图和平面图，作带水平截面的水平面斜轴测图。

（1）形体分析。假设用水平剖切平面将房屋剖开，然后对下半截房屋进行水平面斜轴测投影。

（2）绘制轴测轴，如图 7-20（a）所示。

（3）绘制墙体和地面。首先画出断面，然后过各个角点往下画高度线，画出屋内外的墙角线。这里需要注意,室内与室外的高差,如图 7-21（b）所示。

（4）绘制门、窗，清理底稿，按要求加深线型，完成水平面斜轴测图，如图 7-21（c）所示。

图 7-20　水平面斜轴测投影轴测轴、轴间角及轴伸缩系数

（a）轴间角 $\angle X_1O_1Z_1=150°$；
（b）轴间角 $\angle X_1O_1Z_1=135°$；
（c）轴间角 $\angle X_1O_1Z_1=120°$

任务实施：

1．任务内容：如图 7-22 所示，根据总平面图，作总平面的水平面斜轴测图。

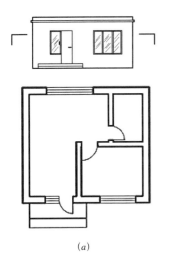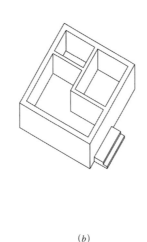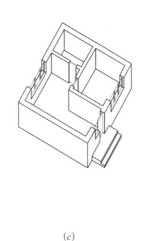

(a)   (b)   (c)

2．任务要求

（1）图纸规格：A4 绘图纸（210mm×297mm）。

（2）比例：1∶1。

（3）房屋高度自行确定，但应有高低起伏变化。

（4）最终成图可以隐去轴测轴，但需要在轴测图的旁边将所用的轴测轴、轴间角的情况加以说明。

（5）每张图纸需要标题栏、会签栏。其中标题栏包括图名、姓名、班级、指导教师等。

（6）采用绘图仪器和工具绘制。

（7）保持图面整洁、图线清晰，充分合理利用各种制图工具。

图 7-21　带 水 平 截 面的 房 屋 水 平面斜轴测图

(a) 房屋的立面图和平面图；
(b) 画内外墙体和台阶；
(c) 画门、窗

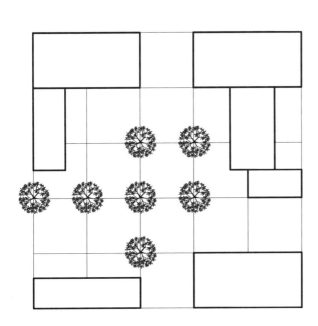

图 7-22　总平面图

思考与讨论：

1. 斜轴测投影的分类及其应用？

2. 常用正面斜轴测图的轴间角、轴伸缩系数是多少？

3. 常用水平面斜轴测图的轴间角、轴伸缩系数是多少？

7.4 拓展任务

1. 根据正投影图绘制形体的正等测图。

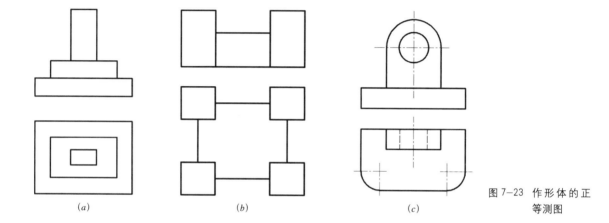

(a)　　　　　　　(b)　　　　　　　(c)

图7-23 作形体的正
等测图

2. 根据正投影图绘制形体的正面斜轴测图。

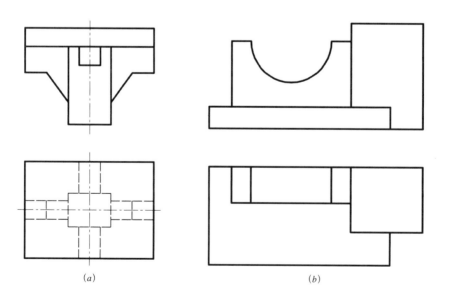

(a)　　　　　　　　　　(b)

图7-24 作形体的正
面斜轴测图

3. 根据正投影图绘制形体的水平面斜轴测图。

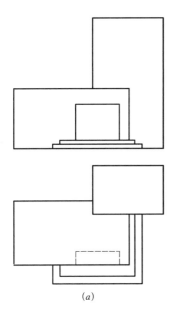

(a)

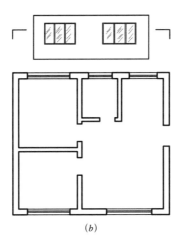

(b)

图 7-25 作形体的水平
面斜轴测图

8

教学单元 8　房屋建筑图的图示原理

教学目标：

1. 了解视图的内容、应用及绘制方法。
2. 掌握剖面图和断面图的形成、标注方法、种类及画法。
3. 了解各种视图简化画法。
4. 了解房屋建筑施工图中常用的符号和图例。
5. 掌握房屋建筑施工图识图方法。

8.1 视图

任务引入：

有时仅靠三面投影还不足以清晰的表达形体内容，比如一个室内空间。如图8-1所示，空间由六个面构成，每个面展示的内容各不相同，如果想准确地表达空间各个面的设计情况，就需要向每个面进行投影，即产生六个投影面。六个投影面与之前学习的三面投影有什么关系呢？它们在绘制时应该注意哪些问题？

本节我们的任务是学习除三面投影外的其余投影，为建筑施工图和室内设计施工图的识读与绘制做好铺垫。

图8-1　室内效果图

知识链接：

将形体按正投影法向投影面投射所得到的投影称为视图。

8.1.1 基本视图

1. 基本视图的形成

一个空间形体应有六个基本的投射面，即上、下、左、右、前、后六面。

如想准确表达形体，就应分别向六个面进行投影。也就是，在原有三个投影面的相反方向再设一个投影面，将形体按反方向投影，形成六面投影体系，如图8-2所示。

将形体置于六面投影体系内，使主要面平行于投影面摆放。然后，向六个投影面进行投射，得到六个投影图，即形体的六面投影。这六面投影统称为基本视图。

基本视图包括：

（1）正立面图：由前向后作投影所得的视图。

（2）平面图：由上向下作投影所得的视图。

（3）左侧立面图：由左向右作投影所得的视图。

（4）右侧立面图：由右向左作投影所得的视图。

（5）底面图：由下向上作投影所得的视图。

（6）背立面图：由后向前作投影所得的视图。

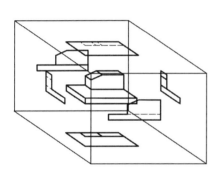 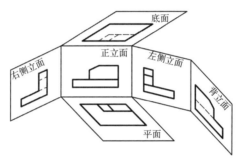

图8-2 六面投影体系（左）

图8-3 六面投影体系展开图（右）

将六面投影体系展开，方法为：使 V 投影面（正立面）不动，其余投影面沿 V 面所在平面展开，如图8-3所示，得到六个基本视图的位置情况。

六个视图同样遵循着三等关系，即"长对正，高平齐，宽相等"。在方位的对应关系上，除背立面图外，靠近正立面图的一边是形体的后面，远离正立面图的一边是形体的前面，如图8-4所示。

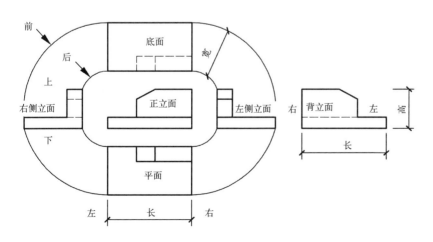

图8-4 基本视图的位置关系

2. 视图布置

当在同一张图纸上绘制一个形体的六面投影时，六个基本视图的位置按照图 8-4 所示进行摆放，且不用标注各投影图的名称。

但是在室内设计工程制图中，由于图幅的限制难以将一个空间的六个面在一张图纸上展示。因此，如不能按顺序摆放六个视图，需要在视图下方注明视图名称，并在图名下用粗实线绘制一条横线，其长度应以图名所占长度相当，如图 8-5 所示。

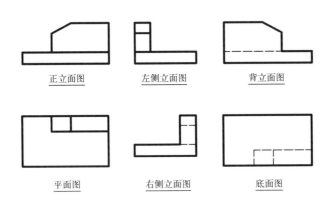

正立面图　　左侧立面图　　背立面图

平面图　　右侧立面图　　底面图

图 8-5　未按顺序摆放视图

8.1.2　镜像视图

镜像投影是正投影法的一种情况，是形体在镜面中的反射图形成的正投影（如图 8-6（*a*）所示），镜像投影又称镜像视图。用镜像投影法绘制时，应在图名后注写"镜像"二字（如图 8-6（*b*）所示）。

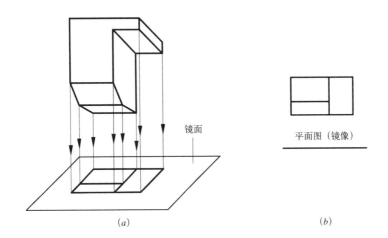

镜面

平面图（镜像）

（*a*）　　　　　　　　　　　（*b*）

图 8-6　镜像投影法

任务实施：

如图 8-7 所示，已知形体的三个基本视图（*V* 面，*H* 面和 *W* 面视图），补画其余基本视图。

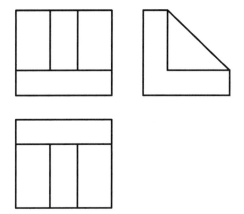

图 8-7 作形体的基本视图

思考与讨论：

1. 六个基本视图都有哪些？在绘制六个基本视图时，它们有位置上的要求吗？

2. 镜面视图是六个基本视图中的一种吗？它具有哪些特点？

8.2 剖面图

任务引入：

绘制形体投影时，不可见线用虚线表示。而对于内部形式复杂的装饰构件，如顶棚吊顶、装饰墙面、门窗框、固定设施基础等，如果都用虚线来表示不可见部分，必然会使视图中实线与虚线交错穿插，显得混乱，无层次感，同时也不便于尺寸标注。

那么如何解决这一问题？如何既准确表达形体外部造型和内部结构，又能使图形清晰易于识别呢？

本节我们的任务是学习剖面图的形成、标注及其种类，熟练掌握剖面图的绘制方法。

知识链接：

为了准确施工，需将形体内部不可见结构用一种视图展示，这种视图为剖面图。

8.2.1 剖面图的形成

为了表达形体内部结构、形状，假想用剖切平面剖开形体，将处于观察者与剖切面之间的部分移开，将剩余部分向投影面进行正投影所得的图形称为剖面图。

如图 8-8 所示，形体剖切后，内部结构显露出来，使原来虚线表示的部分变为实线。并且可以通过截面填充图例，了解形体所用材料。

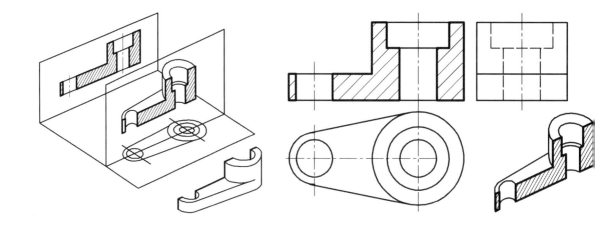

图 8-8　剖面图的形成
及表达方法

8.2.2　剖面图的表示方法

为了准确识读剖面图，需在视图上作出标注，以便快速找到剖切位置、投影方向及材料的应用等情况。

1. 剖面图的标注

（1）剖切符号：由剖切位置线及剖视方向线组成，均应以粗实线绘制。剖切位置线的长度宜为 6 ～ 10mm；剖视方向线应垂直于剖切位置线，长度应短于剖切位置线，宜为 4 ～ 6mm，如图 8-9 所示。剖切符号不应与其他图线接触。

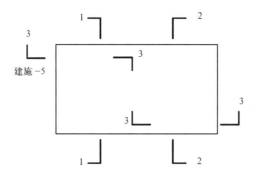

建施 -5

图 8-9　剖切符号及其
编号的标注

（2）剖切符号的编号：宜采用粗阿拉伯数字，按剖切顺序由左至右，由下至上连续编排，并应注写在剖视方向线的端部。

需要转折的剖切位置线，应在转角的外侧加注与该符号相同的编号，如图 8-9 中的"3-3"所示。

剖面图如与被剖切图样不在同一张图纸内，可在剖切位置线的下方注写剖面图所在图纸编号。如图 8-9 中"建施 -5"，表示 3—3 剖面图画在"建施"第 5 号图纸上。

（3）剖面图的名称：在剖面图的下方或一侧标注图名，并在图名下画一条粗横线，其长度等于注写文字的长度，如"3—3 剖面图"。剖面图名称以剖切符号的编号命名。

2.剖面图的线型要求

被剖切形体的外轮廓线用粗实线绘制。而未被剖切且能投影到的轮廓线，用中实线或细实线绘制。不可见的轮廓线在剖面图中不作表示。

3.剖面图图例

剖面图除了要表达形体的内部结构外，还应体现所用材料。因此，需要对被剖切形体的截面填充材料图例。材料图例应符合《房屋建筑制图统一标准》GB/T 50001—2010 的有关规定，见表8-1。

常用建筑材料图例 表8-1

序号	名称	图例	备注
1	自然土壤		包括各种自然土壤
2	夯实土壤	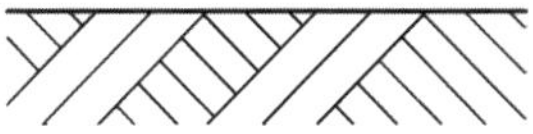	—
3	砂、灰土	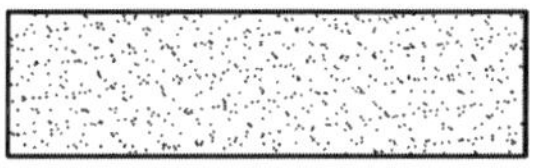	—
4	砂砾石、碎砖三合土	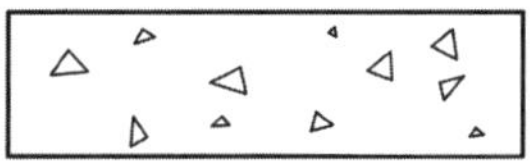	—
5	石材	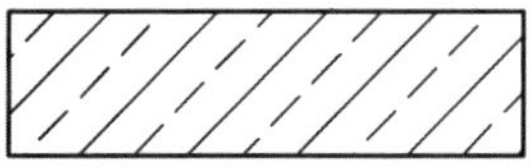	—
6	毛石	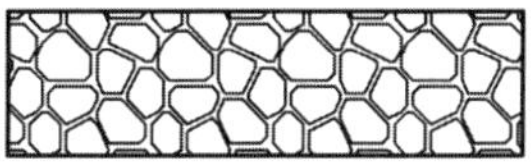	—
7	普通砖	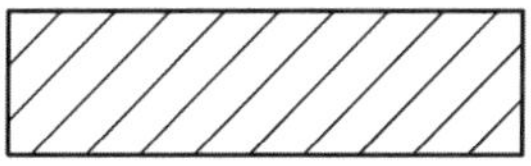	包括实心砖、多孔砖、砌块等砌体。断面较窄不易绘出图例线时，可涂红，并在图纸备注中加注说明，画出该材料图例
8	耐火砖	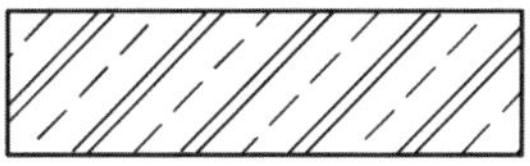	包括耐酸砖等砌体
9	空心砖	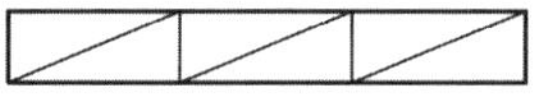	指非承重砖砌体
10	饰面砖	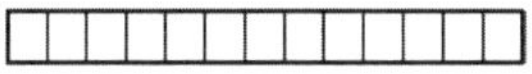	包括铺地砖、陶瓷锦砖、人造大理石等
11	焦渣、矿渣	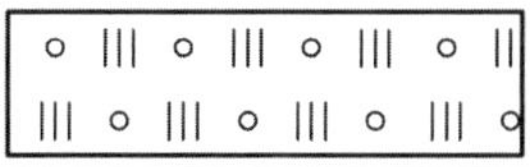	包括与水泥、石灰等混合而成的材料
12	混凝土	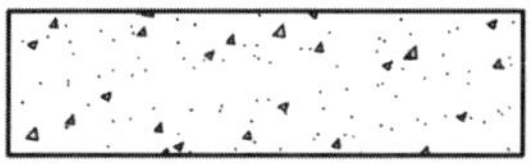	1.本图例指能承重的混凝土及钢筋混凝土； 2.包括各种强度等级、骨料、添加剂的混凝土；
13	钢筋混凝土	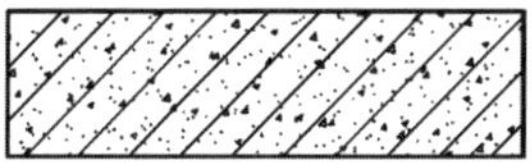	3.在剖面图上画出钢筋时，不画图例线； 4.断面图形小，不易画出图例线时，可涂黑

序号	名称	图例	备注
14	多孔材料	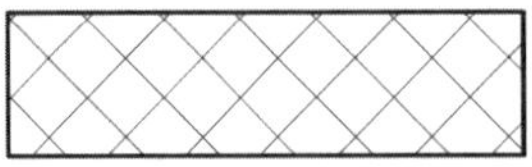	包括水泥珍珠岩、沥青珍珠岩、泡沫混凝土、非承重加气混凝土、软木、蛭石制品等
15	纤维材料	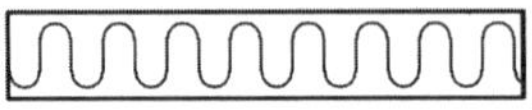	包括矿棉、岩棉、玻璃棉、麻丝、木丝板、纤维板等
16	泡沫塑料材料	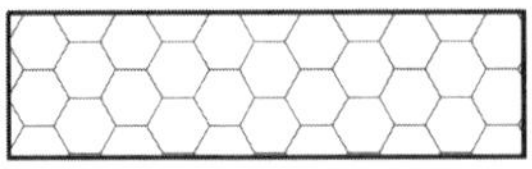	包括聚苯乙烯、聚乙烯、聚氨酯等多孔聚合物类材料
17	木材	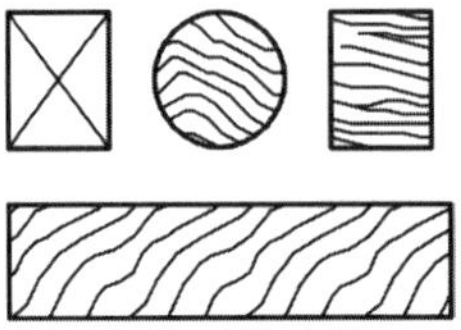	上图为横断面，左上图为垫木、木砖或木龙骨；下图为纵断面
18	胶合板	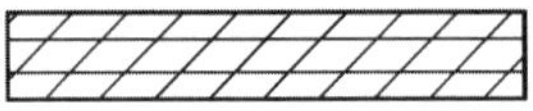	应注明为X层胶合板
19	石膏板	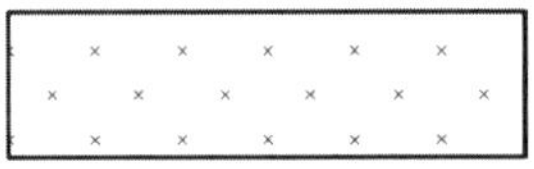	包括圆孔、方孔石膏板、防水石膏板、硅钙板、防火板等
20	金属	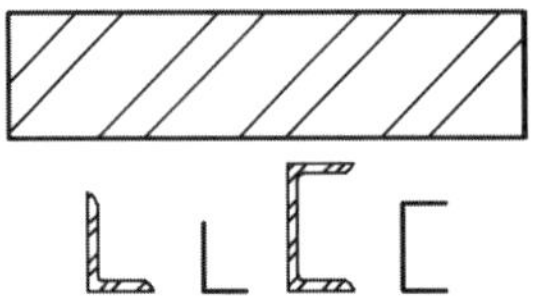	1.包括各种金属；2.图形小时，可涂黑
21	网状材料		1.包括金属、塑料网状材料；2.应注明具体材料名称
22	液体	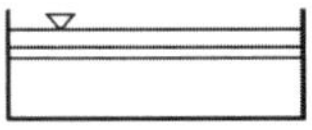	应注明具体液体名称
23	玻璃	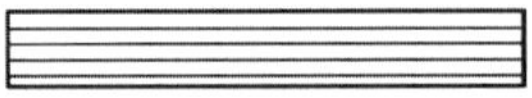	包括平板玻璃、磨砂玻璃、夹丝玻璃、钢化玻璃、中空玻璃、夹层玻璃、镀膜玻璃等
24	橡胶	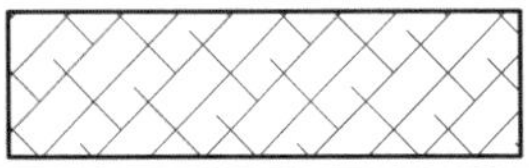	—
25	塑料	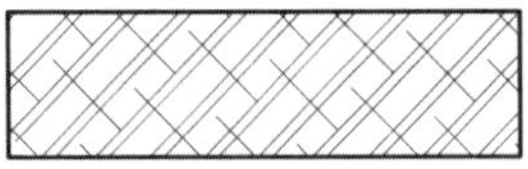	包括各种软、硬塑料及有机玻璃等
26	防水材料		构造层次多或比例大时，采用上图例
27	粉刷		本图例采用较稀的点

注：序号1、2、5、7、8、13、14、18、24、25图例中的斜线、短斜线、交叉斜线等均为45°。

请注意：

材料图例在绘制时应注意以下几点问题：

1. 图例线应间隔均匀、疏密适度。

2. 不同品种的同类材料使用统一图例时，应在图上附加必要的说明。

3. 两个相同的图例相接时，图例线宜错开或使倾斜方向相反，如图 8-10 所示。

图 8-10　相同图例相接时的画法

4. 一张图纸中只有一种图例时，可不绘制图例线，但需要加注文字说明。

5. 图形较小无法绘制图例线时，应加注文字说明。

6. 当所涉及的建筑、装饰材料图例在表 8-1 或标准中没有体现时，可自行编制图例，并需要在图中适当位置画出新编图例，并加以文字说明。

4. 剖面图的画法

（1）绘制剖面图的步骤

1）确定剖切平面的位置及数量。首先应选择适当的剖切位置，使剖面图能够准确、全面的将形体内部结构表示出来。对于无法用一个剖面图表达的形体，可通过几个剖面图来反映形体内部的结构形状；

2）画剖切符号。当剖切平面位置确定后，应在视图上画出剖切符号并进行编号；

3）绘制剖面图。假想将观察者和剖切平面之间的部分移出，对剩余部分进行投影，并按照线型要求加深图线；

4）填充材料图例。被剖切部位画上材料图例或剖面线；

5）标注剖面图名称。在剖面图下方中间位置标注图名。

（2）注意事项

1）剖切平面应平行于某一投影面；

2）剖切平面是假想，并非真实将形体切开。因此，除剖面图外，其余视图应完整绘制；

3）剖切平面需经过形体有代表性的位置，如孔、洞、槽位置（孔、洞、槽若有对称性则经过其中心线）；

4）建筑物剖面图的剖切符号应注在相对标高 ±0.000 的平面图或是首层平面图上。

8.2.3　剖面图的种类

根据工程需要，剖面图分为五种情况：全剖面图、半剖面图、阶梯剖面图、局部剖面图、旋转剖面图。

1.全剖面图

用假想的剖切平面将形体全部剖开，如图8-11所示。

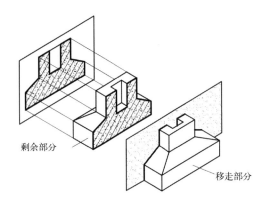

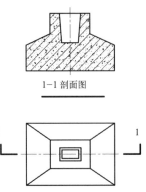

1-1 剖面图

图 8-11　全剖面图

全剖面图在建筑工程图中普遍采用，如房屋的各层平面图大多是假想用一剖切平面在房屋的适当部位进行剖切后作出的投影图。

2.半剖面图

当形体具有对称面时，以对称轴线为界，将一半画成剖面图，表达内部结构和材料；另一半画成视图，表达形体的外形，如图8-12所示。

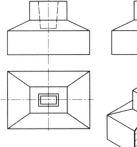
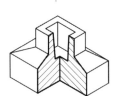

图 8-12　半剖面图

3.阶梯剖面图

当一个剖切平面不能将形体沿需要表达的部位剖切开时，可将剖切平面转折成阶梯形状，沿需要表达的部位将形体剖开，所作的剖面图称为阶梯剖面图，如图8-13所示。

作阶梯剖面图时需要注意，剖切面是假想的，在阶梯剖面的转折处，不画分界线。

4.局部剖面图

当形体只需要显示其局部构造，并需要保留原形体投影图大部分外部形

图 8-13　阶梯剖面图

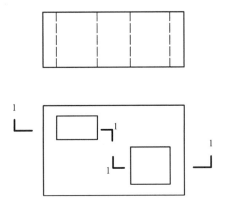

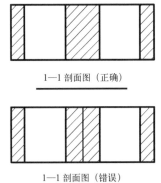

1-1 剖面图（正确）

1-1 剖面图（错误）

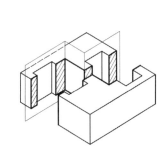

状时，可采用局部剖面图。局部剖面图与投影图之间用徒手画的波浪线分开，如图8-14所示。

5. 旋转剖面图

用两个或两个以上相交且交线垂直于某一基本投影面的剖切面剖开形体，将被剖切的倾斜部分旋转至与选定的基本投影面平行，再进行投影，所得到的剖面图称为旋转剖面图，如图8-15所示。旋转剖面图的图名后应加注"展开"字样。

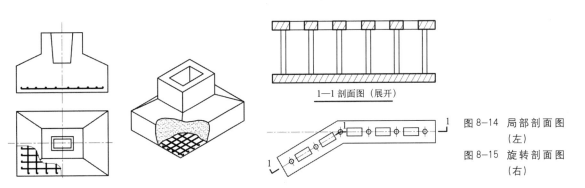

图 8-14 局部剖面图（左）

图 8-15 旋转剖面图（右）

任务实施：

如图8-16所示，双柱杯形基础的三视图，将正立面图改为全剖面图，左侧立面图改为半剖面图。需将剖切符号及其编号标注完全。

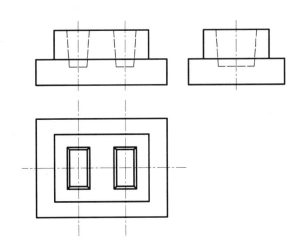

图 8-16 求作双柱杯形基础剖面图

思考与讨论：

1. 剖切符号由几部分构成？剖切符号的编号应写在什么位置？

2. 剖面图有几种情况？建筑平面图属于剖面图中的哪一种？

3. 在作阶梯剖面图时，剖切位置的选择应注意哪些方面？

8.3 断面图

任务引入：

对于一些简单的建筑或装饰构件，需表达其截面形状、尺寸及所运用的材料等。如果按照剖面图的形式进行绘制略显繁琐，那么应该用什么样的视图来表示形体截面的形状及尺寸呢？如图 8-17 所示，为柜门把手的正面和水平投影，通过什么视图可以展示其内部结构形状呢？

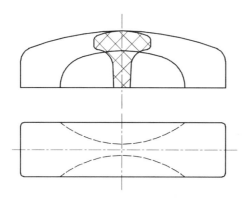

图 8-17　门把手投影图

本节我们的任务是通过学习断面图的形成、标注、种类，掌握其绘制方法。

知识链接：

为了看清形体内部结构、材料、尺寸等，需要用剖切平面切开形体，并将被切到截面部分表达出来，而没有被切到部分不用表示，这种视图为断面图。

8.3.1　断面图的形成

假想用一个平行于某一基本投影面的剖切平面将形体剖开，仅将剖切面切到的截面部分向投影面投影，所得到的图形称为断面图，简称断面。

如图 8-18 所示，将台阶剖切后，台阶截面显露出来，只对截面处投影，并在轮廓线内部填充材料图例。

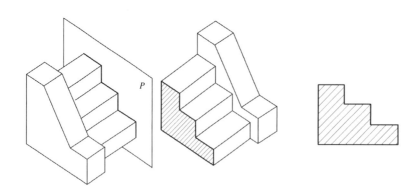

图 8-18　台阶断面图

8.3.2 断面图的标注

为了准确识读断面图，需要在投影图上作出标注，以便快速找到剖切位置、投影方向及材料的应用情况。

1. 断面图的标注

（1）剖切符号：断面图的剖切符号只用剖切位置线表示，并以粗实线绘制，长度宜为 6mm ~ 10mm，如图 8-19 所示。剖切符号不应与其他图线接触。

（2）剖切符号的编号：断面图剖切符号的编号宜采用阿拉伯数字，按顺序连续编排，并应注写在剖切位置线的一侧；断面图编号所在的一侧为该断面的剖视方向，如图 8-19 所示，数字标注在剖切线的左侧，表示剖开后向左投影。

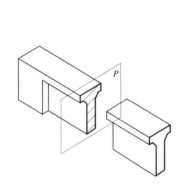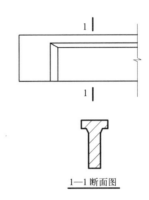

1—1 断面图

图 8-19　断面图的标注

（3）断面图的名称：在断面图的下方或一侧标注图名，并在图名下画一条粗横线，其长度等于注写文字的长度，如"1—1 断面图"。

2. 断面图的线型要求

被剖切形体的外轮廓线用粗实线绘制，内部填充材料图例线用细实线绘制。

3. 断面图图例

断面图图例与剖面图完全相同，参照表 8-1 常用建筑材料图例。

4. 断面图的画法

（1）绘制断面图的步骤

1）确定剖切位置。在需要表达形体的截面位置处，画出断面符号。

2）确定投影方向。将剖切符号的编号注写在投影方向一侧。

3）绘制断面图。将剖切后形体的截断面进行投影，断面外轮廓线用粗实线绘制。

4）填充材料图例。断面内部需要填充材料图例。

5）标注断面图名称。在断面图下方中间位置或一侧标注视图名称。

（2）断面图与剖面图的区别

1）断面图只画形体被剖切后截面的图形；剖面图除了画截面图形外，还要画出被剖切后剩余可见部分的投影，如图 8-20 所示。断面是剖面的一部分，剖面中包括断面。

2）剖切符号不同。断面图的剖切符号只画剖切位置线，剖视方向则根据编号所在位置来判断；剖面图的剖切符号由剖切位置线和剖视方向线组成。

3）剖切平面的数量。断面图一般采用单一的剖切平面，不可以转折；剖面图可以采用单一剖切平面或多个剖切平面且可以转折。

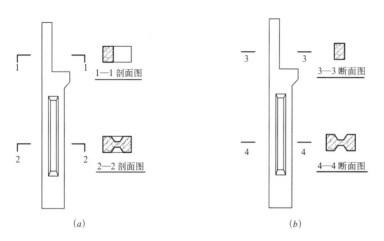

图 8-20 剖面图与断面图比较
(a) 剖面图；(b) 断面图

8.3.3 断面图的种类

按断面图与视图位置关系的不同，断面图分为三种情况：移出断面图、中断断面图、重合断面图。

1. 移出断面图

将断面图画在形体的投影图之外，并应与形体的投影图靠近，以便于识读。此时，断面图的比例可以放大，便于更清晰地显示其内部构造和标注尺寸，如图 8-20（b）所示。

2. 重合断面图

画在视图之内的断面图称为重合断面图。画重合断面图时，视图的轮廓线是细实线，当视图的轮廓线与重合断面的图形重叠时，视图中的轮廓线仍应连续画出，不可间断，如图 8-21 所示。

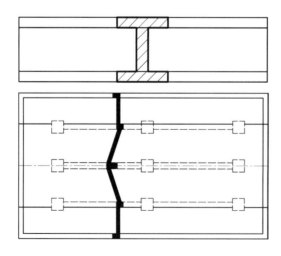

图 8-21 重合断面图

3. 中断断面图

将断面图画在形体投影图的中断处。用波浪线或折断线表示断裂处，并省略剖切符号，如图 8-22 所示。

图 8-22　中断断面图

任务实施：

如图 8-23 所示，已知柜门把手的正面投影、水平投影及移出断面图。根据断面图的种类，分别绘制门把手的重合断面图和中断断面图。

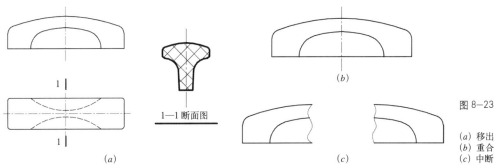

1—1 断面图

图 8-23　绘制门把手断面图
(a) 移出断面图；
(b) 重合断面图；
(c) 中断断面图

思考与讨论：

1. 断面图的种类有哪些？
2. 简述断面图与剖面图的区别。

8.4　简化画法

任务引入：

如图 8-24 所示，某房间的装饰背景墙立面图，内部的花纹结构复杂且重

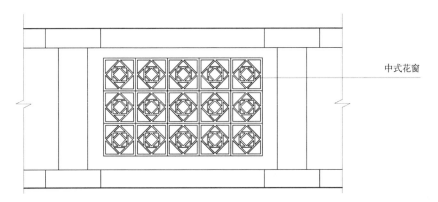

中式花窗

图 8-24　室内立面图

复，对于这样的图形我们在制图过程中会用去很长时间，那么如何才能既快速又能准确表达装饰意图呢？

本节我们的任务是掌握各种简化画法，并能灵活运用到工程制图中。

知识链接：

为了节约绘图时间，或由于图幅限制导致不能完整表达图形。《房屋建筑制图统一标准》GB/T 50001—2010 规定允许在必要时采用简化画法。

8.4.1 对称图形的简化画法

当图形对称时，可视情况仅画出对称图形的一半或四分之一，并在对称中心线上画上对称符号，如图 8-25 所示。图形也可稍超出其对称线，此时可不画对称符号，如图 8-26 所示。

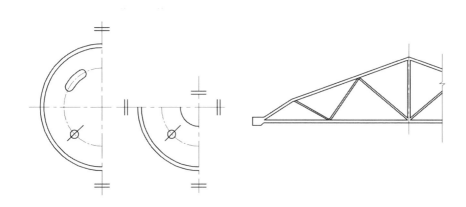

图 8-25 画出对称符号（左）

图 8-26 不画对称符号（右）

8.4.2 相同要素简化画法

当物体上具有多个完全相同而连续排列的构造要素，可仅在两端或适当位置画出少数几个要素的完整形状，其余部分以中心线或中心线交点表示，然后标注相同要素的数量，如图 8-27 所示。

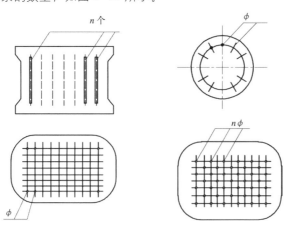

图 8-27 相同要素简化画法

8.4.3 折断简化画法

对于较长的构件，如沿长度方向的形状相同或按单一规律变化，可只画形体的两端，而将中间部分省去不画，在断开处应以折断线表示，如图 8-28 所示。

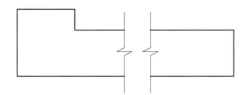

图 8-28 折断简化画法

8.4.4 构件局部不同简化画法

一个构件如与另一构件仅部分不相同，该构配件可只画不同部分，但应在两个构配件的相同部分与不同部分的分界线处，分别绘制连接符号，如图 8-29 所示。

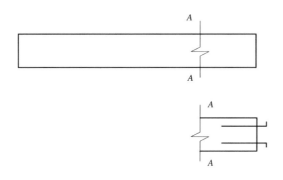

图 8-29 构件局部不同的简化画法

任务实施：

如图 8-24 所示，临摹室内装饰墙立面图，并将内部装饰构件按照简化画法表示。（注：直接测量图形尺寸。）

思考与讨论：

1. 简化画法的种类？

2. 任何图形都可以用简化画法吗？

8.5 房屋建筑施工图

任务引入：

一幢建筑的诞生从设计、施工、装修到最终完成都需要一套完整的房屋建筑施工图作为指导。那么，这是一套什么样的图纸？图纸中的图样都表达什么内容？应该如何识读及绘制呢？

在本节我们的任务是了解房屋施工图图示方法、图示内容和图示特点以及掌握阅读施工图的基本方法。

知识链接：

房屋建筑施工图主要表达建筑物的内外形状、尺寸、结构、构造、材料做法和施工要求等。其基本图样包括：总平面图、建筑平、立、剖面图和建筑详图。

8.5.1 房屋建筑施工图中常用的符号和图例

在绘制和阅读建筑施工图时，应严格遵守我国 2010 年颁布了《房屋建筑制图统一标准》GB/T 50001—2010、《建筑制图标准》GB/T 50104—2010、《总图制图标准》GB/T 50103—2010 等国家制图标准中的有关规定。

1. 定位轴线及其编号

定位轴线是房屋施工时砌筑墙身、浇筑柱梁、安装构件等施工定位的重要依据。主要承重构件，应绘制定位轴线，并编注轴线编号。对非承重墙或次要承重构件，可编写附加定位轴线。

定位轴线采用细点划线绘制，其端部绘制直径为 8 ~ 10mm 的细实线圆，在圆圈中书写轴线编号。规定竖向轴线的编号采用阿拉伯数字，自左向右顺序编写；横向轴线的编号采用大写拉丁字母自下而上顺序编写，I、O、Z 三字母不得使用，以区别阿拉伯数字 1、0、2，如图 8-30 所示。

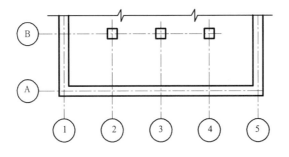

图 8-30 定位轴线及其编号

2. 标高

标高是标注建筑物高度方向的一种尺寸形式。标高可分为绝对标高和相对标高。绝对标高是以青岛附近的黄海平均海平面作为零点而测定的高度，又称海拔高度。相对标高是以室内底层地面作为零点而确定的高度。

（1）单体建筑物图样上的标高符号，以细实线绘制。

（2）标高符号应以直角等腰三角形表示，按图 8-31（*a*）所示形式用细实线绘制。如标注位置不够，也可按图 8-31（*b*）所示形式绘制。标高符号的具体画法如图 8-31（*c*）、（*d*）所示。

（3）标高符号的尖端，应指至被注的高度的位置，尖端宜向下，也可向上。标高数字应注写在标高符号的上侧或下侧，如图 8-32 所示。

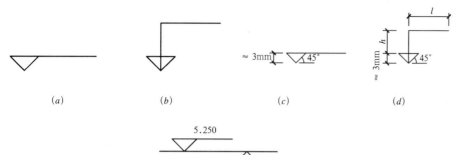

|(a)|(b)|(c)|(d)|图 8-31 标高符号画法|

图 8-32 标高的指向及标高数字的注写

(4) 总平面图室外地坪标高符号,宜用涂黑的三角形表示,如图 8-33 所示。

图 8-33 总平面图室外地坪标高符号

(5) 标高数字应以"m"为单位,注写到小数点以后第三位,在总平面图中可注写到小数点以后第二位。

(6) 零点标高应注写成 ±0.000,正数标高不注"+",负数标高应注"-",例如 3.000、-0.600。

(7) 在图样的同一位置需表示几个不同标高时,标高数字可按图 8-34 所示的形式注写。

$$
\begin{array}{r}
9.600 \\
6.400 \\
3.200
\end{array}
$$
▽

图 8-34 同一位置注写多个标高数字

在施工图中标高还有建筑标高和结构标高之分,建筑标高是指含有粉刷层厚度或装修完工后的标高,而结构标高是指构件的毛坯表面的标高。如图 8-35 所示,标高 3.200 表示为建筑标高,标高 3.180 表示为结构标高。

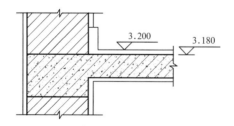

图 8-35 建筑标高与结构标高

3. 索引符号和详图符号

在施工图中,因比例问题无法表达清楚某一局部时,为方便施工,需要另画详图。此时,在原图中用索引符号注明画出详图的位置、详图的编号以及详图所在的图纸编号。而绘制的每一个详图都应该用详图符号命名以便查找、区分。索引符号和详图符号内的详图编号与图纸编号两者要对应一致。

(1) 索引符号

索引符号是用直径为 8 ~ 10mm 的圆和水平直径组成，圆及水平直径应以细实线绘制。索引符号的引出线一端指向要索引的位置，另一端对准索引符号的圆心。当引出的是剖面详图时，用粗实线表示剖切位置，引出线所在的一侧应为剖视方向。索引符号表达方法如图 8-36 所示。

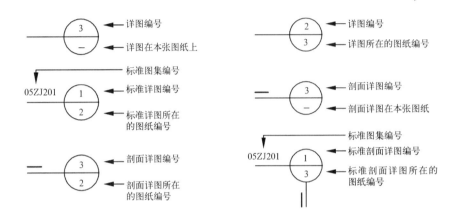

图 8-36 索引符号的表达方法

(2) 详图符号

详图的位置和编号，应以详图符号表示。详图符号的圆应以直径为 14mm 的粗实线绘制。详图符号表达方法如图 8-37 所示。

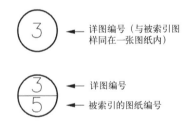

图 8-37 详图符号的表达方法

4. 指北针和风向频率玫瑰图

(1) 指北针

表示房屋朝向的符号。指北针用直径为 24mm 的细实线圆绘制，指北针尾部的宽度为 3mm，指针头部应注 "北" 或 "N"，如图 8-38（a）所示。

(2) 风向频率玫瑰图

风向频率玫瑰图是根据某一地区气象台观测的风向资料绘制出的图形，因图形似玫瑰花朵而得名。风向频率玫瑰图主要用于反映建筑场地范围内常年各方位的风向频率（用实线表示）和夏季（6、7、8 三个月）各方位的风向频率（用虚线表示）。如图 8-38（b）所示，线段最长者即为当地主导风向，为城市规划、建筑设计和气候研究所应用。

5. 常用构造及配件图例

参考表 8-2。

(a)

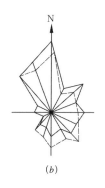

(b)

图 8-38 指北针和风向
频率玫瑰图

(a) 指北针；
(b) 风向频率玫瑰图

常用构造及配件图例   表8-2

名称	图例	说明	名称	图例	说明
墙体		1.上图为外墙，下图为内墙，外墙细线表示有保温层或有幕墙； 2.室内工程图中承重墙体应涂黑表示	楼梯		1.上图为顶层楼梯平面，中图为中间层楼梯平面，下图为底层楼梯平面； 2.扶手设置按实际情况绘制
隔断		1.隔断材料应用文字或图例表示； 2.适用于到顶或不到顶隔断	坡道		上图为两侧垂直的门口坡道，中图为有挡墙的门口坡道，下图为两侧找坡的门口坡道
玻璃幕墙		幕墙龙骨是否表示由项目设计决定			长坡道
栏杆		—	台阶		—
检查口		左图为可见检查口，右图为不可见检查口	孔洞		阴影部分亦可填充灰度或涂色代替
坑槽		—			

名称	图例	说明	名称	图例	说明
烟道	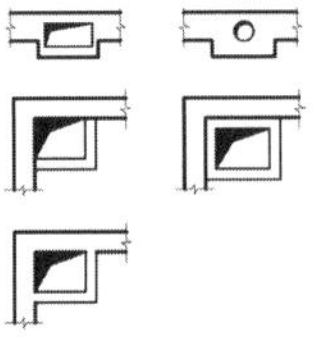	1.阴影部分亦可填充灰度或涂色代替； 2.烟道、风道与墙体为相同材料，其相接处墙身线应连通	墙中单扇推拉门	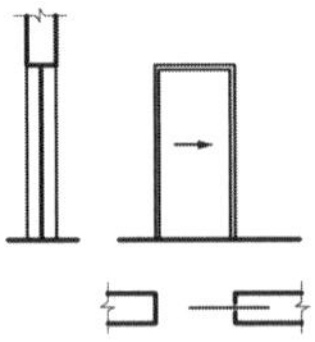	1.门的名称代号用M表示； 2.立面形式应按实际情况绘制
风道	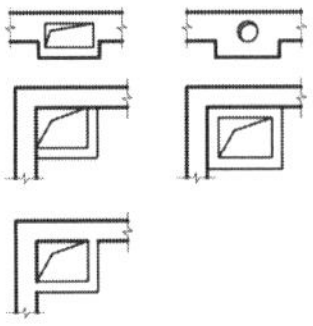		空门洞	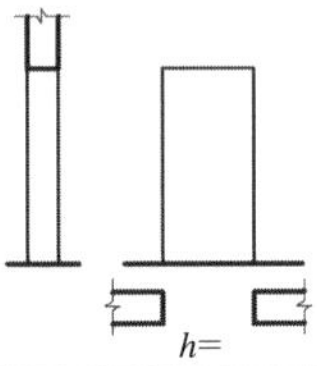 $h=$	h为门洞高度
单面开启单扇门	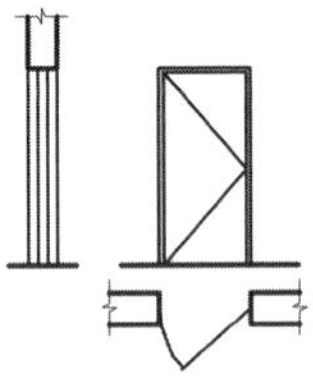	1.门的名称代号用M表示； 2.平面图门的开启弧线应绘出； 3.立面图中，开启线实线为外开，虚线为内开。开启线交角的一侧为安装合页一侧； 4.立面形式按际情况绘制	单面开启双扇门	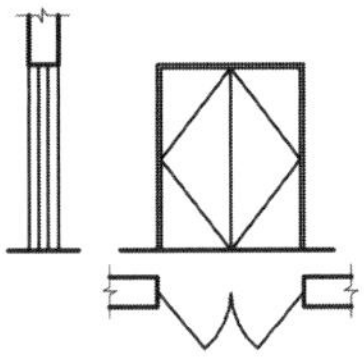	1.门的名称代号用M表示； 2.平面图门的开启弧线应绘出； 3.立面图中，开启线实线为外开，虚线为内开。开启线交角的一侧为安装合页一侧； 4.立面形式按实际情况绘制
双面开启单扇门	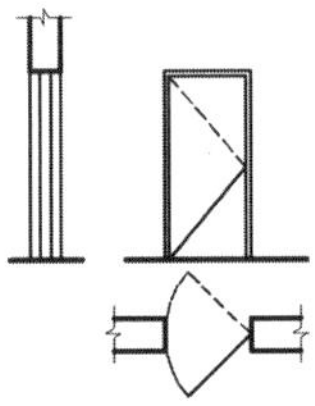		双面开启双扇门	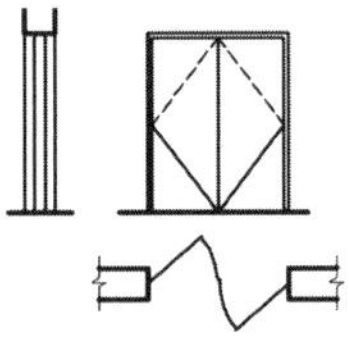	
双层单扇平开门	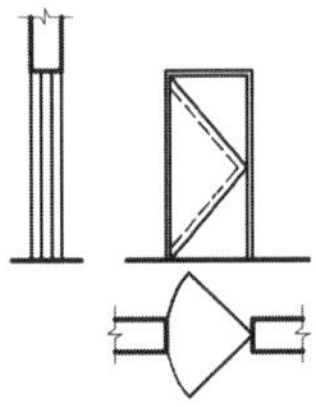		双层双扇平开门	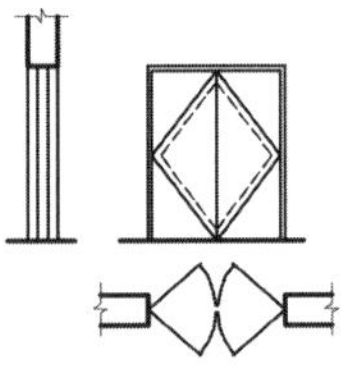	
折叠门	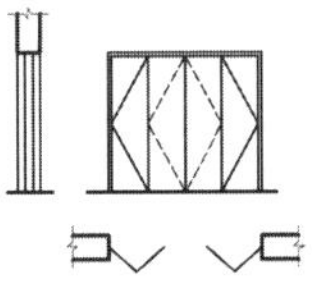	1.门的名称代号用M表示； 2.平面图门的开启弧线应绘出； 3.立面图中，开启线实线为外开，虚线为内开。开启线交角的一侧为安装合页一侧； 4.立面形式按实际情况绘制	固定窗	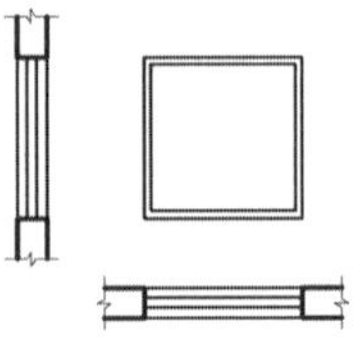	1.窗的名称代号用C表示； 2.平面图中，下为外，上为内； 3.立面图中，开启线实线为外开，虚线为内开。开启线交角的一侧为安装合页一侧； 4.剖面图中，左为外，右为内； 5.立面形式按实际情况绘制

名称	图例	说明	名称	图例	说明
推拉折叠门	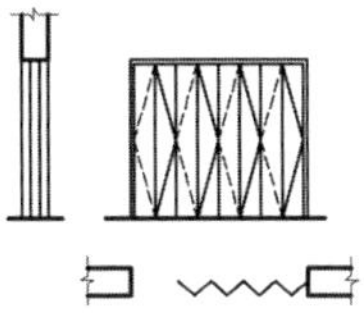	1.门的名称代号用M表示； 2.平面图门的开启弧线应绘出； 3.立面图中，开启线实线为外开，虚线为内开。开启线交角的一侧为安装合页一侧； 4.立面形式按实际情况绘制	上悬窗	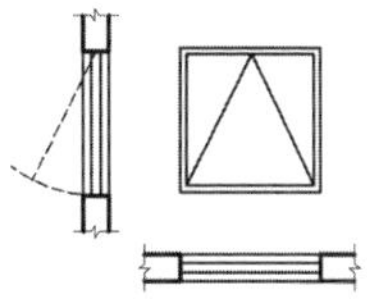	1.窗的名称代号用C表示； 2.平面图中，下为外，上为内； 3.立面图中，开启线实线为外开，虚线为内开。开启线交角的一侧为安装合页一侧； 4.剖面图中，左为外，右为内； 5.立面形式按实际情况绘制
			立转窗	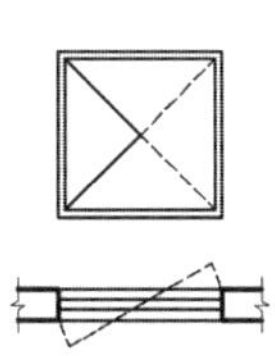	
单层推拉窗	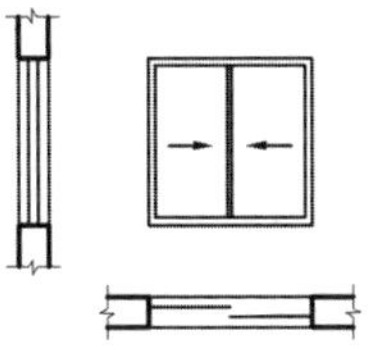	1.窗的名称代号用C表示； 2.立面形式按实际情况绘制	单层外开平开窗	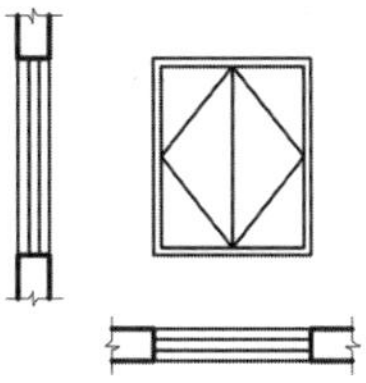	
上推窗	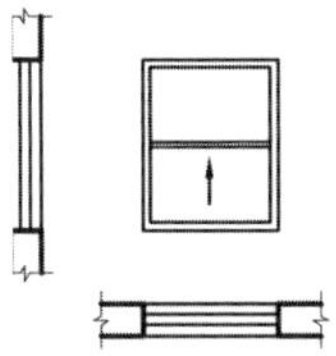		单层内开平开窗	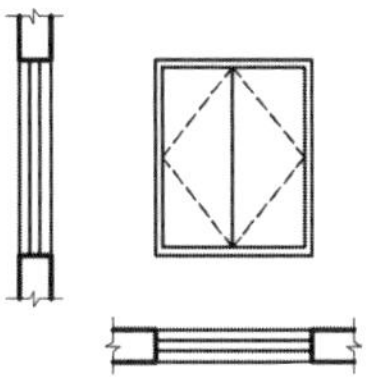	

8.5.2 总平面图

1.总平面的含义、作用和常用比例

建筑总平面图，简称总平面图。它是将新建建筑工程一定范围内的建筑物、构筑物及其自然状况，用水平投影图和相应的图例形式表达出的图样。主要表明新建建筑物及其周围的总体布局情况，反映新建建筑物的平面形状、位置、朝向及其与原有建筑物的关系、标高、道路、绿化、地貌、地形等情况。

建筑总平面图可作为新建房屋定位、施工放线、土方施工以及绘制水、暖、电等管线总平面图和施工总平面图布置的依据。

建筑总平面图的比例一般为1：500、1：1000、1：2000等，因区域面积大,故采用小比例。房屋只用外围轮廓线的水平投影表示,通常用图例说明。

2.总平面表达的内容

(1) 总平面图例：采用图例来表明新建建筑、扩建建筑等的总体布置,表明各建筑物及构筑物的位置、道路、广场、室外场地和绿化、河流、池塘等

的布置情况。图例可参见《总图制图标准》GB/T 50103—2010,这里不作说明。

(2) 新建建筑定位尺寸: 确定新建工程的平面位置, 一般可以根据原有建筑、道路、用地红线或坐标来定位, 以 "m" 为单位标出定位尺寸。

(3) 标高: 标高以 "m" 为单位。总平图中包括建筑物首层地面的绝对标高、室外地坪及道路的标高, 表明土方挖填情况、地面坡度及雨水排除方向。附近的地形情况一般用等高线或室外地坪标高表示, 由等高线或室外地坪标高可以分析出地形的高低起伏情况。

(4) 朝向和风向: 用指北针表示房屋的朝向或用风向频率玫瑰图表示当地常年各方位吹风频率和房屋的朝向。

3. 实例

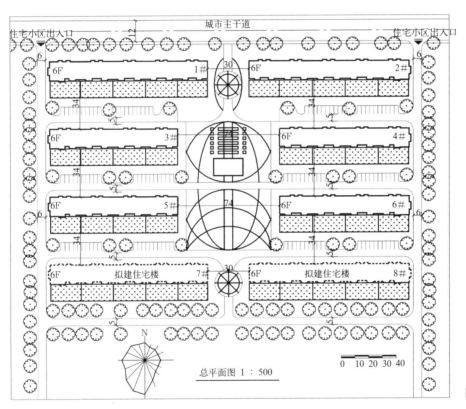

图 8-39 总平面图

8.5.3 建筑平面图

1. 建筑平面图的形成

建筑平面图是假想用一个水平剖切平面沿各层门、窗洞口部位(指窗台以上、过梁以下的适当部位)水平剖切开来, 对剖切平面以下的部分所作的水平投影图, 如图 8-40 所示。建筑平面图主要表达房屋的平面形状、大小和房间的布置、用途, 墙或柱的位置、厚度、材料, 门窗的位置、大小和开启方向等。建筑平面图是施工时定位放线、砌筑墙体、安装门窗、室内装修及编制预算等的重要依据。

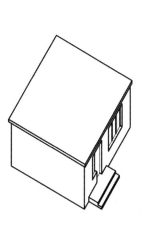 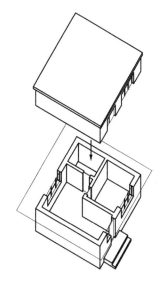 

平面图

图 8-40　建筑平面图
的形成

2. 建筑平面图的表达方法

建筑平面图常用 1：50、1：100、1：200 的比例绘制。被剖切到的墙体、柱用粗实线绘制；可见的较大构件轮廓线、门扇、窗台的图例线用中粗实线绘制；较小的构配件图例线、尺寸线等用细实线绘制。

当建筑物各层的房间布置不同时，应分别画出各层平面图，如一层平面图、二层平面图、三、四⋯⋯各层平面图、顶层平面图、屋顶平面图等。相同的楼层可用一个平面图来表示，称为标准层平面图。

3. 建筑平面图的图示内容

（1）一层平面图

表示一层房间的平面布置、用途、名称、房屋的出入口、走道、楼梯、门窗类型、水池、搁板、室外台阶、散水、雨水管、指北针、轴线编号、剖切符号、索引符号、门窗编号等内容，如图 8-41 所示。

（2）标准层平面图：标准层平面图的图示内容与一层平面图基本相同，但不必再画出一层平面图中已表示的指北针、剖切符号以及室外地面上的台阶、花池、散水或明沟等。此外，标准层平面图应画出在下一层平面图中未表达的室外构配件和设施，如下一层窗顶的可见遮阳板、出入口上方的雨篷等。楼梯间画法与一层及顶层不同，上行的梯段被水平剖断，绘图时用倾斜折断线分界，如图 8-42 所示。

（3）顶层平面图：顶层平面图的图示内容与标准层平面图基本相同，只在楼梯的表达上略有不同。如图 8-43、图 8-44 所示，五层室内有通往顶层的楼梯，是一套复式结构的户型。

（4）屋顶平面图：屋顶平面图是将高于屋顶女儿墙水平投影后或楼梯间（有上人屋面楼梯时）水平剖切后，用相应比例绘制的屋顶俯视图。在屋顶平面图中，一般表明突出屋顶的楼梯间、电梯机房、水箱、管道、烟囱、上人口等的位置和屋面排水方向（用箭头表示）及坡度、分水线、女儿墙、天沟、雨水口的位置以及隔热层、屋面防水、细部防水构造做法等，如图 8-45 所示。

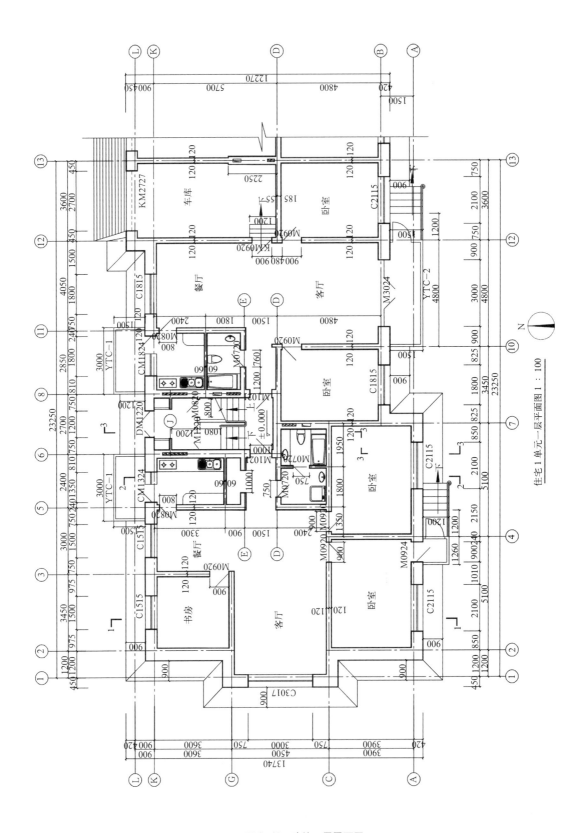

图 8-41　建筑一层平面图

住宅 1 单元一层平面图 1 : 100

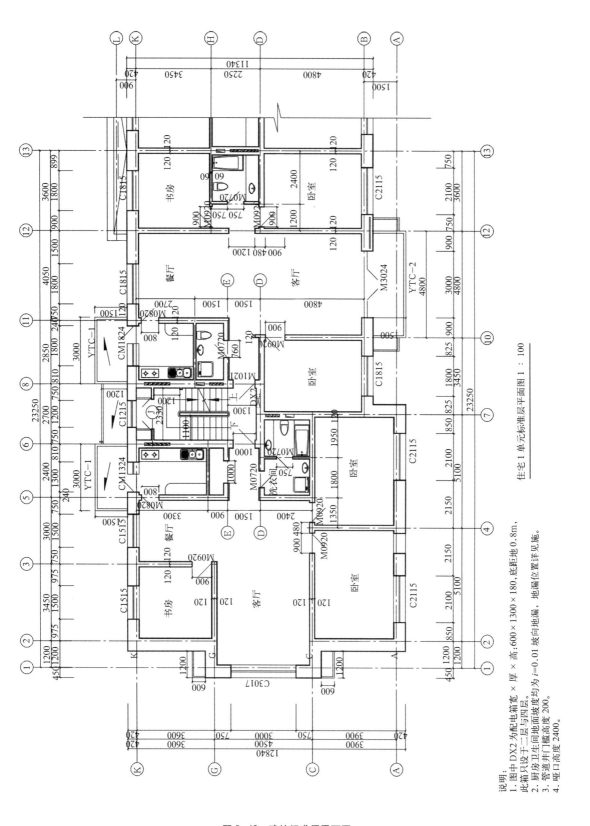

住宅 1 单元标准层平面图 1 : 100

说明：
1. 图中 DX2 为配电箱宽 × 厚 × 高:600 × 1300 × 180,底距地 0.8m,
此箱只设于二层与四层。
2. 厨房卫生间地面坡度均为为 $i=0.01$ 坡向地漏，地漏位置详见施。
3. 管道井门槛高度 200。
4. 哑口高度 2400。

图 8-42　建筑标准层平面图

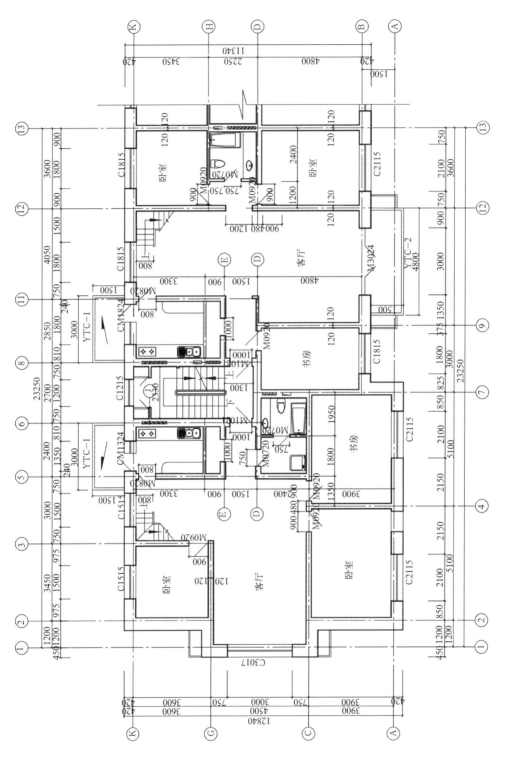

住宅 1 单元五层平面图 1 : 100

图 8-43　建筑五层平面图

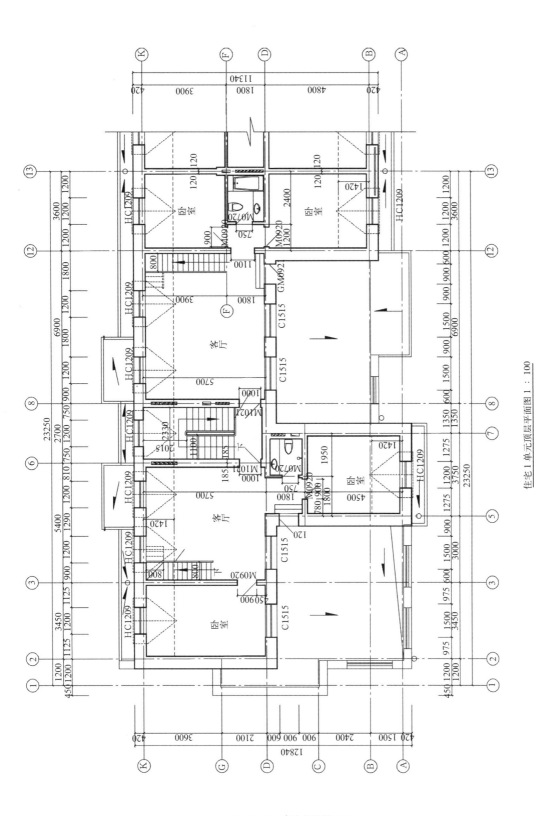

图 8-44 建筑顶层平面图

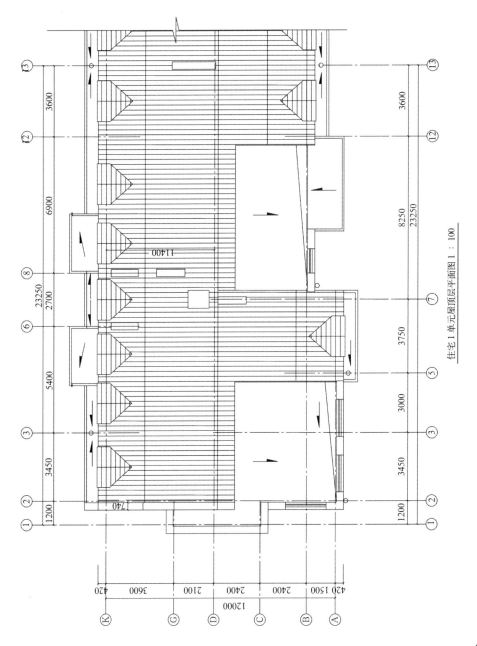

住宅1单元屋顶层平面图 1：100

图 8-45　建筑屋顶平面图

8.5.4　建筑立面图

1. 建筑立面图的形成

建筑立面图简称立面图。它是在与房屋立面平行的投影面上所作的房屋正投影图，如图 8-46 所示。立面图反映了建筑的高度、层数、外貌、线脚、门窗、窗台、雨篷、阳台、台阶、雨水管、烟囱、屋顶檐口等构配件以及立面装修的做法，它是表达房屋建筑的基本图样之一，是确定门窗、檐口、雨篷、阳台等的形状和位置以及指导房屋外部装修施工和计算有关预算工程量的依据。

2. 建筑立面图的表达方法

建筑立面图的比例一般与建筑平面图一致。通常用特粗线表示地平线；粗实线表示立面图的外轮廓线；墙上构配件阳台、门窗、窗台、雨篷、勒脚、台阶等轮廓线用中粗实线；其余细部，如门窗分格线、文字说明引出线、墙面装饰分格线、栏杆、尺寸线等用中实线；图例线等用细实线。

建筑立面图的名称。有定位轴线的建筑物，宜根据两端定位轴线号标注立面图名称，如图 8-47 所示。无定位轴线的建筑物可按平面图各面的朝向确定命名，如东、西、南、北立面。

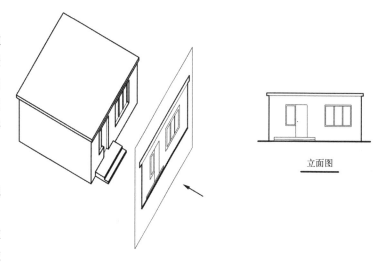

图 8-46 建筑立面图的形成

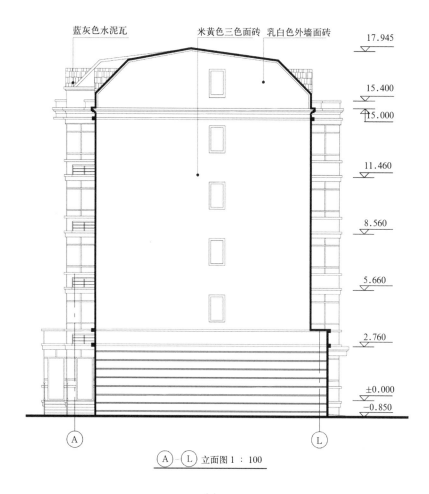

(a)

图 8-47 建筑立面图

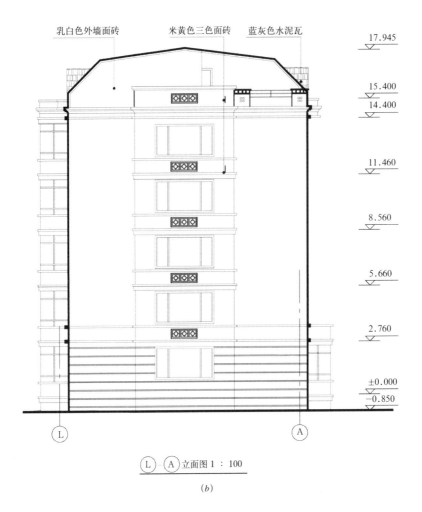

乳白色外墙面砖　　　米黄色三色面砖　蓝灰色水泥瓦

17.945

15.400
14.400

11.460

8.560

5.660

2.760

±0.000
−0.850

Ⓛ　　　　　　　　　　　　　Ⓐ

Ⓛ－Ⓐ立面图1：100

(b)

图8-47 建筑立面图
（续）

3.建筑立面图的图示内容

(1) 外形和构配件：表明建筑物的外形、门窗、阳台、雨篷、台阶、雨水管、烟囱等的位置。

(2) 装修与做法：外墙的装修工艺、要求、材料的选用；窗台、勒脚、散水等的做法。其装饰做法和建筑材料也可用图例表示并加注文字说明。

(3) 尺寸标注：立面图上的尺寸主要为标高。室外地坪、勒脚、窗台、门窗顶等处完成面的标高，一般注在图形外侧。标高符号要求大小一致，整齐地排列在同一竖线上。

8.5.5　建筑剖面图

1.建筑剖面图的形成

建筑剖面图，简称剖面图。它是假想用一铅垂剖切平面将房屋剖切开后移去靠近观察者的部分，作出剩下部分的投影图，如图8-48所示。建筑剖面图主要反映建筑物内部的结构或构造方式、屋面形状、分层情况和各部位的联系、材料、构配件以及其必要的尺寸、标高等。它与平、立面图互相配合用于计算工程量，指导各层楼面和屋面施工、门窗安装和内部装修等，因此它也是不可缺少的重要图样之一。

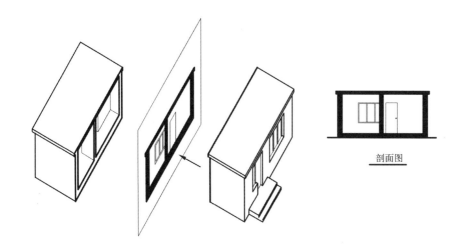

剖面图

图 8-48 建筑剖面图的形成

2. 建筑剖面图的表达方法

剖面图的图形比例及线型要求同平面图。剖面图的剖切部位和数量应根据房屋的用途或设计深度而定。一般在平面图上选择能反映全貌、构造特征以及有代表性的部位剖切，如门窗洞口和楼梯间等位置。

剖视的剖切符号标注在一层平面图中，剖面图的图名应与平面图上所标注的剖视的剖切符号的编号一致，如 1—1 剖面图、2—2 剖面图等。

剖面图的常用比例为 1：50、1：100、1：150、1：200 等。当比例大于或等于 1：50 时，应绘出楼地面、屋面的面层线、保温隔热层，并绘制材料图例；当比例为 1：100～1：200 时，可简化材料图例，钢筋混凝土断面涂黑，但应绘出楼地面、屋面的面层线，如图 8-49 所示。

3. 建筑剖面图的图示内容

（1）剖面图中用标高和线性尺寸表明建筑物高度及各构件之间尺寸，表示构配件以及室内外地面、楼层、檐口、屋脊等完成面标高以及门窗、窗台高度等。

（2）表明建筑物各主要承重构件间的相互关系，各层梁、板及其与墙、柱的关系，屋顶结构及天沟构造形式等。

（3）可表示室内吊顶、室内墙面和地面的装修做法、要求、材料等各项内容。

8.5.6　建筑详图

1. 建筑详图的作用和内容

建筑平、立、剖面图是施工图中表达房屋的最基本的图样，由于其比例小，无法将各部分细节表达清楚，建筑详图就是对未表达清楚的细节（如形状、大

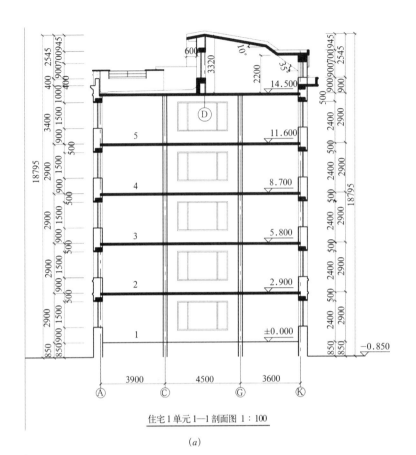

住宅1单元1—1剖面图 1：100

(a)

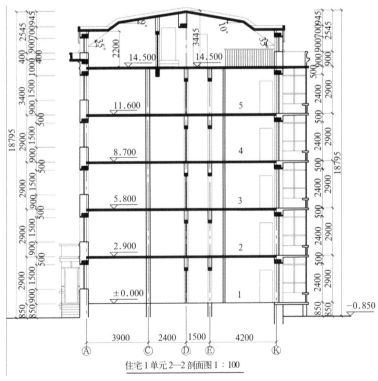

住宅1单元2—2剖面图 1：100

(b)

图 8-49　建筑剖面图

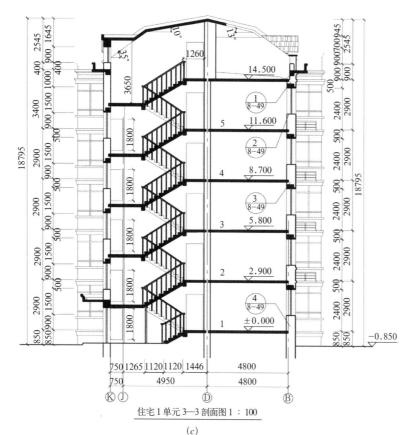

住宅 1 单元 3—3 剖面图 1：100

(c)

图 8-49　建筑剖面图（续）
(a) 1—1 剖面图；
(b) 2—2 剖面图；
(c) 3—3 剖面图

小、材料和做法）运用放大后的图样进行说明。也可以说，建筑详图是建筑平、立、剖面图的补充图样。

就民用建筑而言，需要绘制详图的部位很多，如不同部位的外墙详图（如图 8-50 所示）、楼梯详图、固定设施详图等。还有大量的建筑构件采用标准图集来说明构造细节，在施工图中可以简化或用代号表示。

建筑详图的特点是图形清晰、尺寸齐全、文字注释详尽。建筑详图绘制比例常用 1：2、1：5、1：10、1：20 等大比例。

2. 楼梯详图

楼梯是多层房屋上下交通的主要设施；它除应满足人流通行及疏散外，还应有足够的坚固耐久性；它由梯段（包括踏步和斜梁）、平台（包括平台梁和平台板）、栏杆（或栏板）等组成。楼梯详图主要表示楼梯的类型、结构形式、各部位尺寸及做法，是楼梯施工的主要依据，如图 8-51 所示。

楼梯详图一般包括：楼梯平面图、剖面图、踏步及栏杆等，采用 1：2 ～ 1：50 的比例绘制。

任务实施：

1. 任务内容：识读房屋建筑施工图。

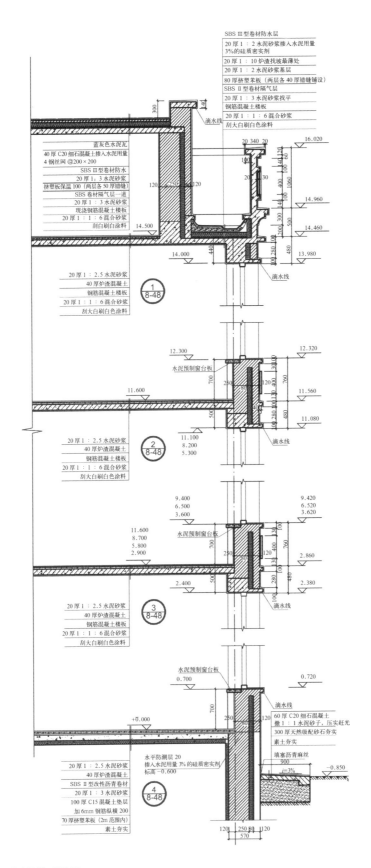

图 8-50 外墙剖面详图

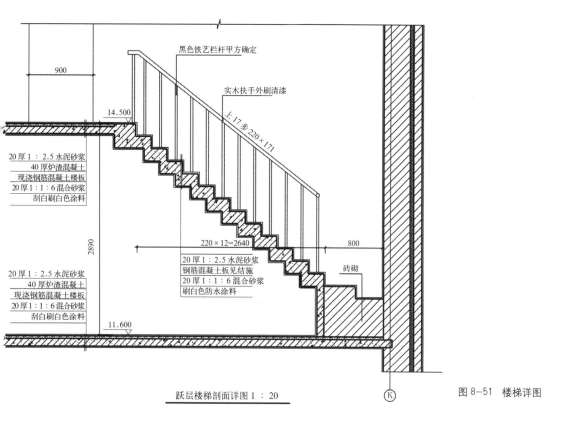

900

14.500

黑色铁艺栏杆甲方确定

实木扶手外刷清漆

上17步220×171

20 厚 1：2.5 水泥砂浆
40 厚炉渣混凝土
现浇钢筋混凝土楼板
20 厚 1：1：6 混合砂浆
刮白刷白色涂料

2890

220×12=2640

20 厚 1：2.5 水泥砂浆
钢筋混凝土板见结施
20 厚 1：1：6 混合砂浆
刷白色防水涂料

800

砖砌

20 厚 1：2.5 水泥砂浆
40 厚炉渣混凝土
现浇钢筋混凝土楼板
20 厚 1：1：6 混合砂浆
刮白刷白色涂料

11.600

跃层楼梯剖面详图 1：20

Ⓚ

图 8-51　楼梯详图

2. 任务要求：

（1）认真阅读别墅平面图、立面图、剖面图，如图 8-52～图 8-54 所示。

（2）结合教材内容，完成各图纸识读要点的撰写工作，并整理成学习材料。

（3）以小组为单位（4～6 人）将学习材料制作成 PPT 文件。

（4）完成不超过 10 分钟的课堂汇报总结。

思考与讨论：

1. 标高符号的单位是什么？它与线性尺寸有何区别？

2. 图 8-55 中索引符号的数字和字母代表什么？

3. 建筑总平面图图示内容主要有哪些？

4. 简述建筑总平面图的形成及用途。

5. 简述建筑平面图的形成及用途。

6. 一幢多层建筑应该绘制哪些平面图？

7. 简述建筑立面图的形成及用途。

8. 建筑立面图主要表达了哪些内容？

9. 简述建筑剖面图的形成及用途。

10. 详图的主要作用是什么？

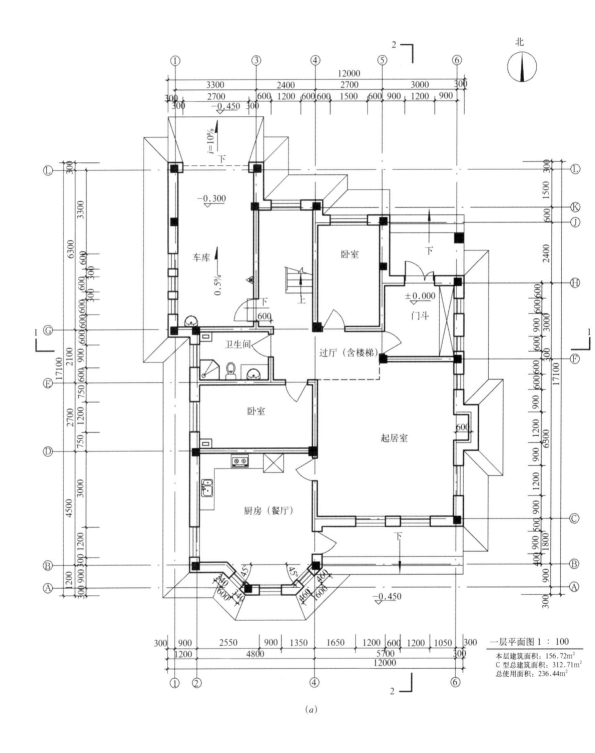

北

12000

卧室

车库

卫生间

过厅（含楼梯）

±0.000

门斗

卧室

起居室

厨房（餐厅）

一层平面图 1 : 100

本层建筑面积：156.72m²
C 型总建筑面积：312.71m²
总使用面积：236.44m²

(a)

图 8-52 别墅平面图
(a) 别墅一层平面图；

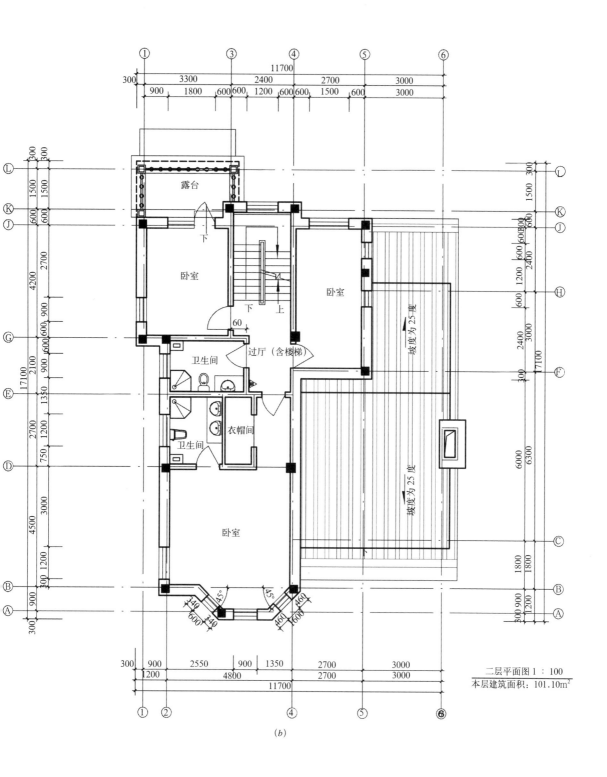

二层平面图 1 ： 100
本层建筑面积：101.10m²

(b)

图 8-52 别墅平面图
(续)

(b) 别墅二层平面图；

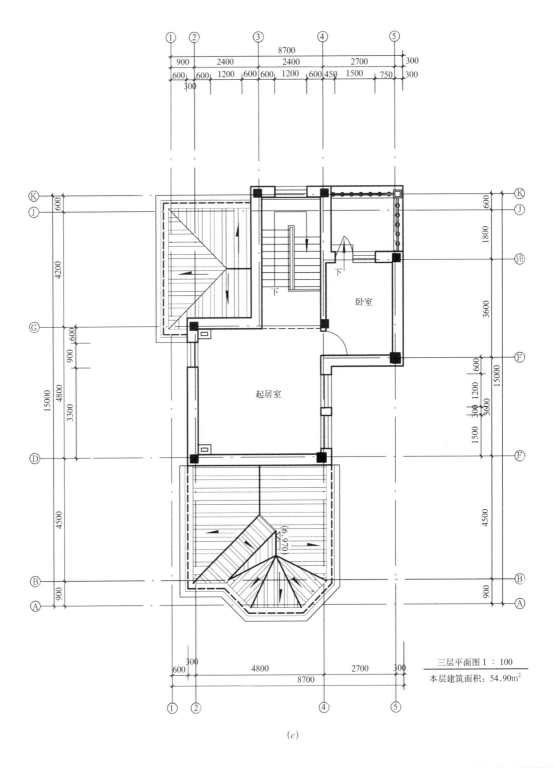

三层平面图 1：100

本层建筑面积：54.90m²

起居室

卧室

(c)

图 8-52　别墅平面图
（续）

(c) 别墅三层平面图；

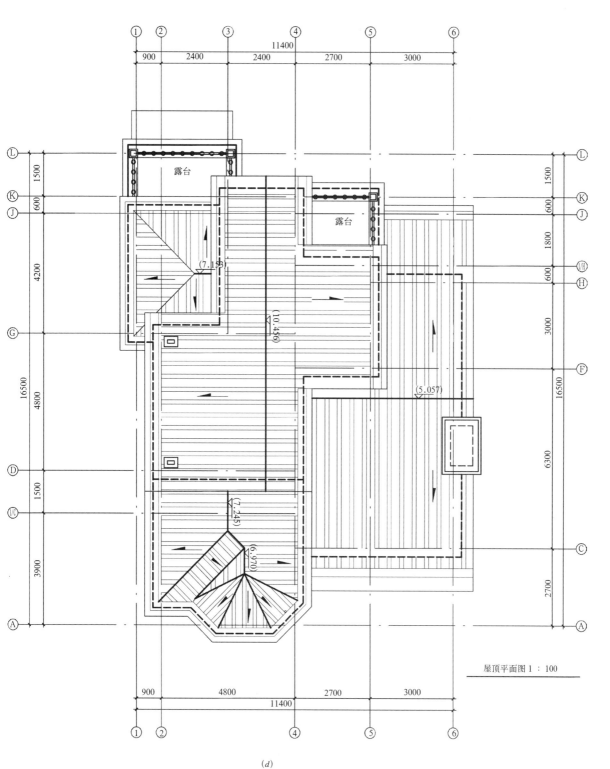

屋顶平面图 1 : 100

(d)

图 8-52 别墅平面图

（续）

(d) 别墅顶层平面图

教学单元8 房屋建筑图的图示原理 167

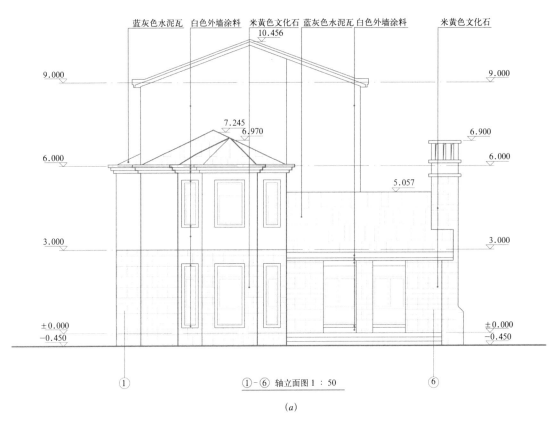

蓝灰色水泥瓦　白色外墙涂料　米黄色文化石　蓝灰色水泥瓦　白色外墙涂料　　米黄色文化石

10.456

9.000　　　　　　　　　　　　　　　　　　　　　　　　　　　　　　　　9.000

7.245
6.970

6.000　　　　　　　　　　　　　　　　　　　　　　　　　　6.900

5.057　　　　　　6.000

3.000　　　　　　　　　　　　　　　　　　　　　　　　　　　　　　　3.000

±0.000　　　　　　　　　　　　　　　　　　　　　　　　　　　　　　±0.000
－0.450　　　　　　　　　　　　　　　　　　　　　　　　　　　　　　－0.450

①　　　　　　①－⑥ 轴立面图 1：50　　　　　　⑥

(a)

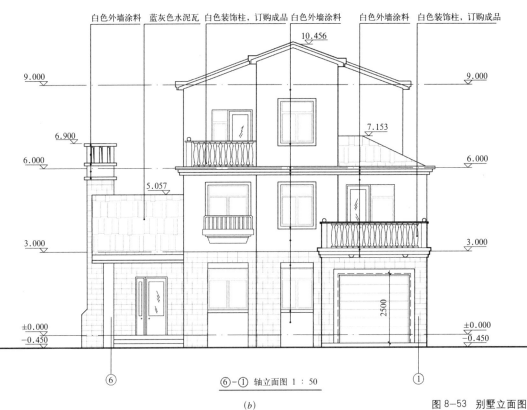

白色外墙涂料　蓝灰色水泥瓦　白色装饰柱，订购成品　白色外墙涂料　白色外墙涂料　白色装饰柱，订购成品

10.456

9.000　　　　　　　　　　　　　　　　　　　　　　　　　　　　　　　9.000

6.900　　　　　　　　　　　　　　　　　　　7.153

6.000　　　　　　　　　　　　　　　　　　　　　　　　　　　　　　　6.000

5.057

3.000　　　　　　　　　　　　　　　　　　　　　　　　　　　　　　　3.000

2500

±0.000　　　　　　　　　　　　　　　　　　　　　　　　　　　　　　±0.000
－0.450　　　　　　　　　　　　　　　　　　　　　　　　　　　　　　－0.450

⑥　　　　　　⑥－① 轴立面图 1：50　　　　　　①

(b)

图 8-53　别墅立面图

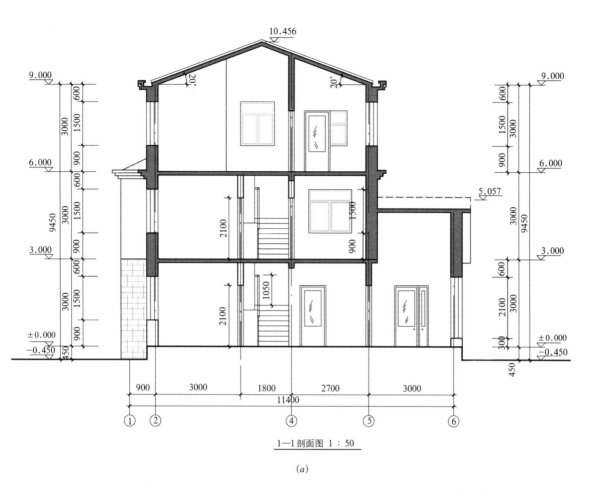

1—1剖面图 1:50

(a)

2—2剖面图 1:50

(b)

图 8-54 别墅剖面图

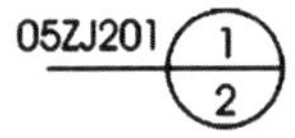

图 8-55 识读索引符号

05ZJ201 ①/②

8.6 拓展任务

1. 在下列方格中绘制建筑材料图例。

（a）自然土壤

（b）夯实土壤

（c）砂、灰土

（d）石材

（e）混凝土

（f）钢筋混凝土

（g）石膏板

（h）木材

（i）多孔材料

（j）纤维材料

（k）泡沫材料

（l）金属

图 8-56 绘制建筑材料图例

2. 如图 8-57 所示，根据剖切符号绘制剖面图。

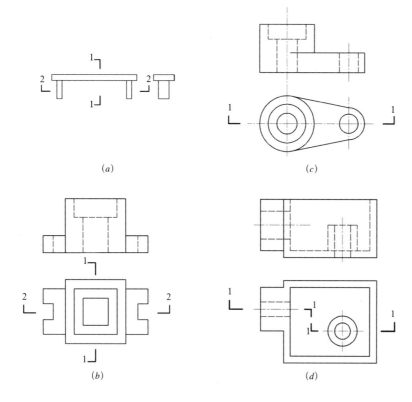

(a)

(c)

(b)

(d)

图 8-57　绘制剖面图

3. 如图 8-58 所示，补画侧立面图，并将正立面图改为全剖面图，侧立面图改为半剖面图。标明剖切符号及编号。

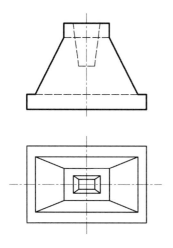

图 8-58　补画视图并
　　　　　改为剖面图

4. 如图 8-59 所示，补画剖面图中遗漏的可见轮廓线。

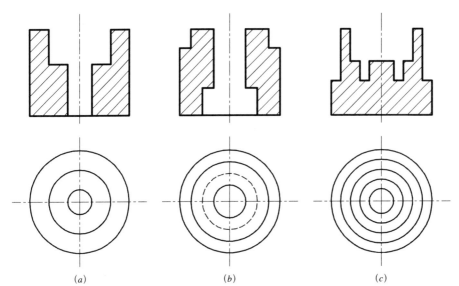

(a)   (b)   (c)

图 8-59 画遗漏的可见轮廓线

5. 如图 8-60 所示，根据移出断面，画出其中断面和重合断面。

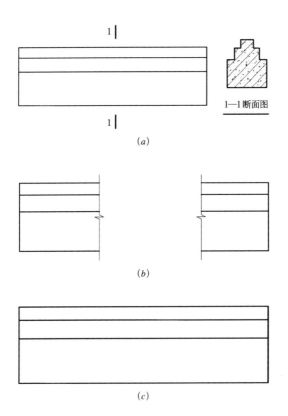

1—1断面图

(a)

(b)

(c)

图 8-60 绘制重合断面图和移出断面图
(a) 移出断面；
(b) 中断断面；
(c) 重合断面

6. 如图 8-61 所示，绘制 1—1、2—2 断面图。

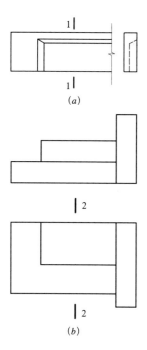

(a)

(b)

图 8-61　绘制断面图
(a) 绘制 1—1 断面图；
(b) 绘制 2—2 断面图

9

教学单元 9 室内设计施工图

教学目标：

1. 掌握室内设计施工图相关内容。
2. 掌握室内设计施工图内视符号及图例的表达方法。
3. 熟悉室内平面图、立面图、详图的形成。
4. 掌握室内平面图、立面图、详图图样的绘制方法。
5. 熟练掌握中小型室内空间设计工程图纸的绘制程序及内容。

9.1 室内设计施工图导入

项目引入：

1. 项目名称：我国××市某住宅小区样板间室内设计施工图。
2. 项目说明：

项目位于我国××市某住宅小区内，使用面积84m²，南北朝向(如图9-1所示)。

3. 项目任务：根据相关室内设计施工图知识点，结合家装设计施工图图例演示，拟完成以下任务。

任务1：室内平面图的绘制。

任务2：室内立面图的绘制。

任务3：室内详图的绘制。

4. 室内效果图参考

参见图9-2。

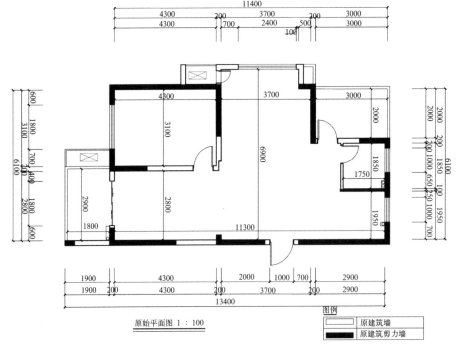

原始平面图 1：100

图例

| | 原建筑墙 |
| | 原建筑剪力墙 |

图9-1　原始平面图

(a)

(b)

图 9-2　我国××市
　　　　某住宅小区样
　　　　板间效果图
(a) 客厅效果图；
(b) 卧室效果图

知识链接：

　　2011 年 3 月 1 日，实施的《建筑制图标准》GB/T 50104—2010 是目前最新版国标，其中对室内设计制图有关内容作出了规定。本教学单元将依据有关国家标准及室内设计自身特点，完成室内设计施工图的学习。

9.1.1 室内设计施工图内容

室内设计施工图是表达室内装修方案和指导施工的重要图纸，是建筑施工图的延续和深入。它主要展示室内空间布局，陈设品摆放，固定设施安置，各类细部构造详图，施工要求说明，顶棚、地面及各立面装饰效果等，是装修施工和验收的重要依据。

室内设计施工图主要包括：室内平面布置图、室内顶棚平面图、室内地面铺装图、室内立面图、室内详图等。除此之外还涉及建筑结构改造工程图、电气设备工程图、给水排水设备工程图、供热制冷及燃气设备工程图等，由于课程设置需要，这些配套专业设备工程图本书将不作介绍说明。

9.1.2 室内设计施工图常用符号和图例

1. 内视符号

内视符号设置在室内平面布置图内，用以表明室内立面在平面图上的位置、视点位置、方向及立面编号。

内视符号的画法如图9-3所示，符号中的圆圈及直线应用细实线绘制，圆圈直径可根据图面比例选择范围在 8 ~ 12mm。立面编号宜用拉丁字母或阿拉伯数字。外切方形尖端处涂黑，用于指向投影方向。

> **请注意：**
> 立面编号表达形式应统一，如应用拉丁字母，整套图纸的立面编号全部为拉丁字母。

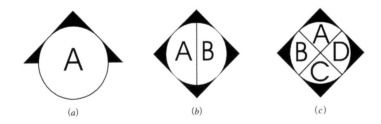

图9-3　内视符号
(*a*) 单面内视符号；
(*b*) 双面内视符号；
(*c*) 四面内视符号

内视符号可以是单面内视符号、双面内视符号和四面内视符号。如图9-4所示，一小户型平面图，主卧室为四面内视符号，分别指向四个墙面，与此对应，主卧室立面图应绘制 A、B、C、D 四个方向立面；客厅为两面内视符号，立面图应绘制箭头指向的电视背景墙 E 立面和沙发背景墙 F 立面；书房为单面内视符号，应绘制书柜背景墙 G 立面。

2. 室内设计施工图常用图例

建筑制图标准中的材料、构造及配件图例，均可应用于室内设计施工图。但由于室内设计所用材料及陈设品内容较多，范围较广，除建筑制图标准图例外，还参考家具制图标准图例及画法，而对于电器设备、植被等图例通常采用习惯画法。表9-1罗列出较为常用，且约定俗成的图例，以供参考。

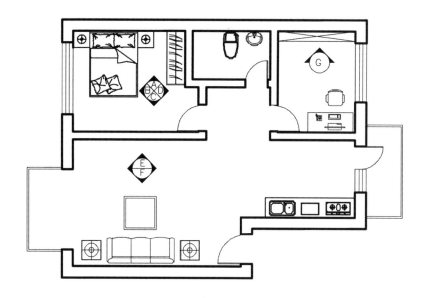

图9-4 平面图上内
视符号应用
示例

室内设计施工图图例

表9-1

类型	名称	图例	类型	名称	图例
床	1200×2000 (mm)		办公室	办公桌	
	1500×2000 (mm)			书柜	
	1800×2000 (mm)			圆形会议桌	
	2000×2000 (mm)			船型会议桌	
办公室	电话			电脑	
沙发	单人		客房	单人床+床头柜	
	双人			双人床+床头柜	

类型	名称	图例	类型	名称	图例
沙发	三人		客房	衣柜	
	转角沙发			组合柜	
	3+2+1 组合			椅子	
	半圆沙发		家用电器	冰箱	
餐桌	2人桌			电视	T. V.
	4人桌			微波炉	
	6人桌			洗衣机	
	8人圆桌			挂式空调	
	12人圆桌			立式空调	A C
灯具	筒灯		厨房	一字形台面	
	壁灯			U形台面	

类型	名称	图例	类型	名称	图例
灯具	立灯		厨房	L形台面	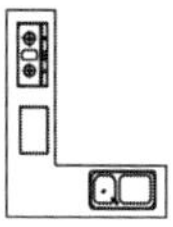
	台灯		茶几	方形	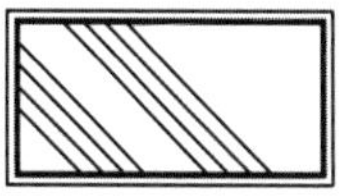
	吸顶灯			圆形	
	荧光灯	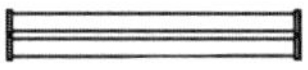	洁具	浴缸	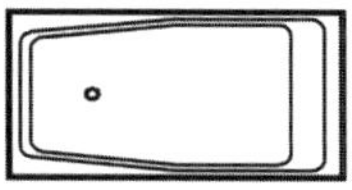
	花灯	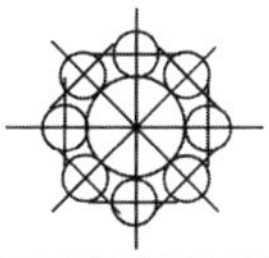		浴箱	
植物	树			坐便器	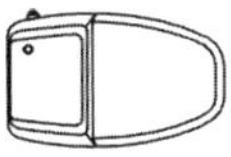
	花			蹲便器	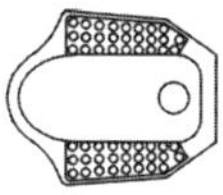
	草	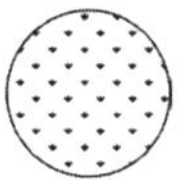		洗手盆	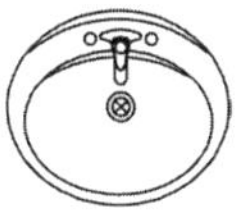
钢琴	台式钢琴	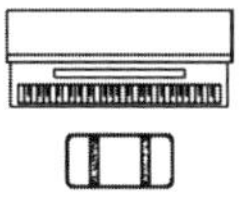	钢琴	三角钢琴	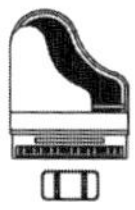
体育器材	台球桌	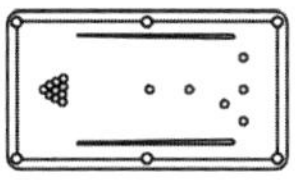	体育器材	健身器材	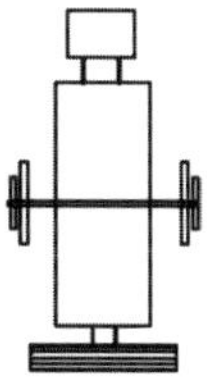

9.2　室内平面图

任务 1：室内平面图的绘制

1.任务提出：结合家装原始平面图（如图 9-1 所示），完成住宅小区样板间平面图的识读，并根据图例完成以下任务：

（1）室内平面布置图绘制。

（2）室内顶棚平面图绘制。

（3）室内地面铺装图绘制。

2.任务目标

（1）熟悉室内平面布置图、顶棚平面图、地面铺装图的形成及表达内容。

（2）掌握室内平面布置图、顶棚平面图、地面铺装图的识读方法及图样绘制方法。

知识链接：

室内平面图包括室内平面布置图、室内顶棚图、室内地面铺装图。本节将结合我国 ×× 市某住宅小区样板间施工图例介绍图样及表达方法：

9.2.1　室内平面布置图

1.室内平面布置图的形成

室内平面布置图是用一假想水平剖切面在窗台上方，将房屋剖开，移去剖切面以上部分，余下部分向水平投影面投影得到的水平剖视图即为平面布置图，简称平面图。

2.室内平面布置图的表达内容

（1）室内格局、门窗、洞口位置及尺寸。

（2）室内各种固定设施位置及尺寸，如壁炉、吧台等。

（3）室内家电、家具及其他陈设品的位置。

（4）为准确表达室内立面图在平面中的位置，还应在平面图中绘制内视符号。

3.室内平面布置图的画法

（1）选定图幅，确定比例。

（2）画出墙体定位轴线及墙体厚度。室内平面布置图中墙体定位轴线编号与建筑平面图的轴线编号应一致，一般情况下室内平面布置图不需要绘制定位轴线及轴线尺寸。墙体采用粗实线绘制。承重墙体应将承重的范围用阴影注明。

（3）确定门窗位置及尺寸。在平面布置图中应绘制门窗的位置、尺寸、开启方向，但门窗的编号可不必标注。门窗用细实线绘制。

（4）固定设施位置及尺寸。对于一些后加入室内的固定设施应在平面布置图中表明与附近建筑结构的位置关系，需用尺寸标注，以便施工人员准确实施。固定设施用细实线绘制。

（5）陈设品及其他室内设施图例及布置方式。这些设施的绘制比例应与平面图比例相符，但可以省略尺寸标注。图线均采用细实线，具体画法参考室内设计施工图图例表9-1。

（6）标注尺寸及有关文字说明。室内设计施工图的尺寸标注有别于建筑施工图。室内设计施工图尺寸标注只需标注门窗洞口尺寸、开间尺寸、进深尺寸、装修构造的定位尺寸、各细部尺寸和总尺寸。无需标注定位轴线尺寸。

（7）检查、清理图纸。按线宽标准加深图线。

4．实例

见图9-5室内平面布置图。

图例
▢ 原建筑墙
▨ 新建建筑墙体
■ 原建筑剪力墙

平面布置图 1：100

图9-5　室内平面布置图

9.2.2 室内顶棚平面图

1. 室内顶棚平面图的形成

顶棚平面图通常采用镜像投影法绘制，也可使用仰视绘制方法。但在《房屋建筑制图统一标准》GB/T 50001—2010 中，建议采用镜像投影法，这样可以与平面布置图及地面铺装图相对应，读图、绘图也更为容易。

2. 室内顶棚平面图的表达内容

（1）顶棚装修形式及尺寸。

（2）顶棚装饰材料类型、规格、色彩等。

（3）灯具类型、数量、位置及灯光色彩要求等。

（4）通风口、烟感器、消防设施等布置情况及安装说明。

（5）具有复杂造型或特殊装饰手法（如浮雕、彩绘等）需要另加详图说明，并标明索引符号。

3. 室内顶棚平面图的画法

（1）选定图幅，确定比例。室内顶棚平面图一般与室内平面布置图选用相同比例绘制，以便对照看图。

（2）绘制墙体的厚度。与平面布置图相同，墙体用粗实线绘制。

（3）确定门窗的位置。室内顶棚平面图需要在墙体中表明门窗洞口位置，无需绘制门窗图例，其位置线用细实线表示。

（4）顶棚的形状大小及结构。顶棚因造型变化带来的叠层高差应用标高注明，一般将相对标高 ±0.000 定义在本层楼地面高度位置。另外，结构相对复杂的顶棚需要绘制节点详图。顶棚轮廓线采用细实线绘制。

（5）灯具及其他设施的布置。应标注灯具的摆放位置、间隔距离，说明灯具类型和对灯光色彩的要求等。灯具及其他设施图例可参考表 9-1，均用细实线绘制。

（6）检查、清理图纸。按线宽标准加深图线。

相关链接：

在实际工程中，可将室内顶棚平面图细化为顶棚布置图、顶棚灯具尺寸图、强电插座平面图、线路图等。根据本课程教学要求及后续课程需要，本书将不作深入讲解。

---

4. 实例

见图 9-6 室内顶棚平面图。

9.2.3 室内地面铺装图

1. 室内地面铺装图的形成

室内地面铺装图是对装修后的地面做水平投影，其形式与平面布置图相

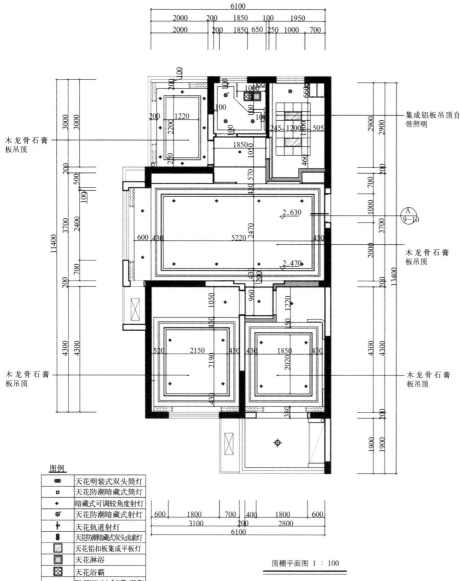

木龙骨石膏板吊顶

集成铝板吊顶自带照明

木龙骨石膏板吊顶

木龙骨石膏板吊顶

木龙骨石膏板吊顶

图例

⊕	天花明装式双头筒灯
□	天花防潮暗藏式筒灯
◆	暗藏式可调较角度射灯
⊡	天花防潮暗藏式射灯
✛	天花轨道射灯
✖	天花防潮暗藏式双头卤素灯
▨	天花铝扣板集成平板灯
▣	天花淋浴
▦	天花浴霸
- - - -	T5 2700K 米白色灯管（暗藏）

顶棚平面图 1：100

图 9-6 室内顶棚平面图

同。对于一些铺装简单，无高低变化的地面，可以将室内平面布置图与地面铺装图合二为一。而对于构造复杂、装饰花纹繁复、高低起伏变化较大的空间地面，需要单独绘制地面铺装图，并且局部可做详图。

2．室内地面铺装图的表达内容

（1）地面铺装形式。

（2）地面装饰材料类型、规格、色彩及纹理要求等。

（3）具有复杂造型或特殊装饰手法需要另加详图说明。

3．室内地面铺装图的画法

室内地面铺装图与室内平面布置图绘制方法基本相同，舍去家具等陈设品摆放，只表达地面装饰效果。地面装修中如加设地台或楼地面有高差变化（跃层、复式等住宅常伴有踏步或楼梯）需用标高注明。

    4. 实例

    见图 9-7 室内地面铺装图。

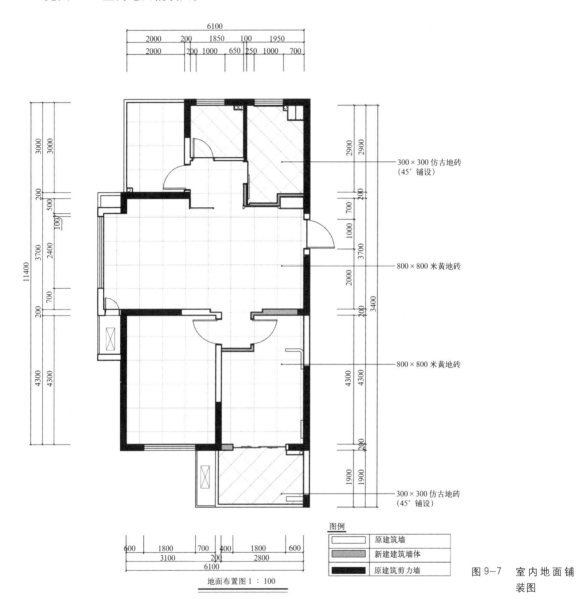

图 9-7　室内地面铺
装图

任务实施：

    根据南京市某住宅小区样板间室内设计施工图例，完成室内平面布置图、室内顶棚平面图、室内地面铺装图的临摹。

    1. 任务内容：

    (1) 临摹室内平面布置图，如图 9-5 所示。

（2）临摹室内顶棚平面图，如图9-6所示。

（3）临摹室内地面铺装图，如图9-7所示。

2．任务要求：

（1）比例自定。

（2）图纸规格：A3绘图纸（420mm×297mm）。

（3）每张图纸需要绘制标题栏、会签栏。其中标题栏包括图名、姓名、班级、日期等（具体格式参考图2-19、图2-20所示）。

（4）图线粗细有别，运用合理，文字与数字书写工整，文字采用长仿宋字体。

（5）采用绘图仪器和工具绘制。

思考与讨论：

1．室内平面布置图是如何形成的？应表达哪些内容？

2．室内顶棚平面图是如何形成的？应表达哪些内容？

3．室内地面铺装图是如何形成的？应表达哪些内容？

4．通过任务的实施过程，总结室内平面图绘制经验。

9.3 室内立面图

任务2：室内立面图的绘制

1．任务提出：根据住宅小区样板间室内平面图，参考效果图，完成住宅小区样板间客厅立面图的绘制。

2．任务目标

（1）熟悉室内立面图的形成及表达内容。

（2）掌握室内立面图的识读方法及图样绘制方法。

知识链接：

1．室内立面图的形成

室内立面图是将室内墙面按照内视符号的指向，向平行于墙面的垂直投影面作正投影。根据表达内容不同分为剖立面图和纯立面图。

剖立面图与纯立面图的表达方式基本相同，不同之处在于剖立面图表现了室内墙面与顶棚、地面的相应结构关系；而纯立面图只表示墙面的装饰造型与布置。本书两种立面图都有所提及，剖立面图参考图9-8、图10-6，纯立面图参考图10-12、图10-18。

2．室内立面图的表达内容

（1）室内空间垂直方向的装饰造型、尺寸及作法。

（2）墙面装饰材料的类型、规格、颜色及工艺等。

（3）门窗立面造型及尺寸。

（4）家具、灯具、装饰品等垂直摆放位置。

（5）装饰构造、墙面装饰的工艺要求。

（6）索引符号、文字说明、图名及比例。

（7）室内立面图的顶棚轮廓线，可根据情况只表达吊顶或同时表达吊顶及结构顶棚。

3．室内立面图的画法

（1）选定图幅，确定比例。一般室内立面图的比例略大于室内平面图。

（2）绘制墙面可见轮廓线。被剖切到的墙面或建筑构件外轮廓线应用粗实线表示。

（3）绘制所能看到的物品，如家具、家电、灯具、装饰物等陈设品的投影。所画陈设品的摆放位置应与平面布置图设计位置相对应。还应根据实物大小采用与图样统一的比例绘制，可以不标注尺寸。另外，室内立面图是指导墙面施工的图纸，因此陈设品在立面图中可用虚线表示。

（4）用文字标明墙体装饰材料材质、色彩、施工工艺等。

（5）标明室内空间尺寸。图外一般标注一至两道竖向及水平方向尺寸以及楼地面、顶棚等的装饰标高；图内一般应标注主要装饰造型的定位尺寸。

（6）注明立面图图名。图名应与平面布置图上的内视符号编号一致，内视符号决定室内立面图的识读方向。

（7）检查、清理图纸。按线宽标准加深图线。

4．实例

见图 9-8 客厅立面图。

任务实施：

根据某住宅小区样板间室内设计施工图例，完成客厅立面图的临摹。

1．任务内容：

临摹客厅立面图，如图 9-8 所示。

2．任务要求：

（1）根据图幅要求，比例自定。

（2）图纸规格：A3 绘图纸（420mm×297mm）。

（3）每张图纸需要绘制标题栏、会签栏。其中标题栏包括图名、姓名、班级、日期等（具体格式参考图 2-19、图 2-20）。

（4）图线粗细有别，运用合理，文字与数字书写工整，文字采用长仿宋字。

（5）采用绘图仪器和工具绘制。

思考与讨论：

1．室内立面图的表达内容和表达方法有哪些？

2．通过任务的实施过程，总结室内立面图绘制经验。

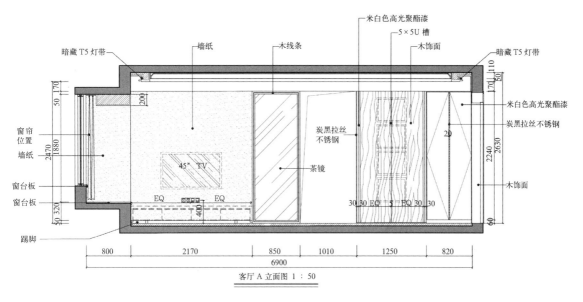

客厅 A 立面图 1：50

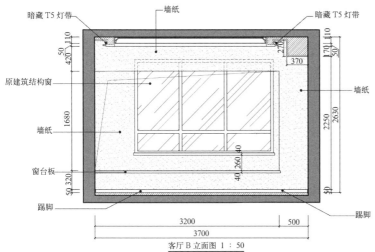

客厅 B 立面图 1：50

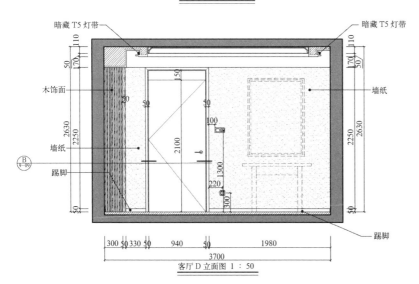

客厅 D 立面图 1：50

图 9-8　客厅立面图
（A、B、D 立面）

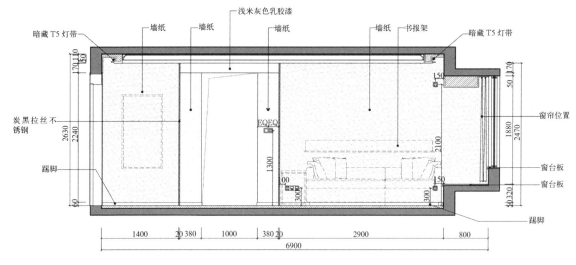

浅米灰色乳胶漆

暗藏 T5 灯带　墙纸　墙纸　墙纸　墙纸　书报架　暗藏 T5 灯带

炭黑拉丝不
锈钢

踢脚

EQEQ

窗帘位置

窗台板
窗台板

踢脚

1400　20 380　1000　380 20　2900　800
6900

客厅 C 立面图 1 : 50

图 9-8　客厅立面图（续）（C 立面）

9.4　室内详图

任务 3：室内详图的绘制

1. 任务提出：根据住宅小区样板间室内平面图、立面图，参考效果图，完成以下任务：

(1) 顶棚详图绘制。

(2) 定制门详图绘制。

2. 任务目标

(1) 熟悉室内详图的形成及表达内容。

(2) 掌握室内详图的识读方法及图样绘制方法。

知识链接：

1. 室内详图的形成

室内设计详图是用较大的比例单独绘制较为复杂的装饰细部构造、连接方式及制作要求等。是对室内平面图、立面图中部分内容的补充。详图的形成方式可以是投影图、剖视图或断面图。

2. 室内详图的表达内容

常见的室内详图包括：墙柱面装饰详图，顶棚详图，地面详图，家具详图，装饰门窗及门窗套详图，装饰小品详图，装饰造型详图等。

(1) 墙柱面装饰详图。用于表达室内墙柱立面的做法、选材、色彩、施工工艺要求等。

(2) 顶棚详图。用于表达吊顶的基本构造及作法，一般用剖面图或断面表示。

（3）地面详图。用于表达地面的铺装方法、细部工艺及表面装饰纹理的处理方式等。

（4）家具详图。用于表达定制类或固定类家具的造型、内部构造、材料、色彩、板材连接方式等。

（5）装饰门窗及门窗套详图。用于表达定制类装饰门窗的造型、材料及构造。

（6）装饰小品详图。装饰小品包括雕塑、水景、织物等。

（7）装饰造型详图。着重表现细部艺术形象，如室内装饰壁画、浮雕、彩绘等。装饰造型详图一般比例较大，某些花纹可选用1：1比例绘制。

3. 室内详图的画法

（1）选定图幅，确定比例。室内详图以能清晰表达物体构造及连接为准，因此在比例的选择上可根据实际情况而定，常用比例1：2、1：5、1：10、1：20等。

（2）绘制构件间的连接方式，表明相应尺寸，并配有制作工艺要求说明。

（3）标明构件材料、连接件材料及型号。

（4）在详图下方应注明详图名称、比例、详图符号。并在相应室内平面图、立面图中标明索引符号。（详图符号及索引符号的标注方法，详见教学单元8中的"详图符号和索引符号"）

（5）室内详图的线型、线宽与建筑详图相同。

（6）检查、清理图纸。

4. 实例

见图9-9、图9-10详图。

任务实施：

根据我国××市某住宅小区样板间室内设计施工图例，完成顶棚详图、门详图的临摹。

1. 任务内容

临摹详图，如图9-9、图9-10所示。

2. 任务要求

（1）根据图幅要求，详图比例自定。

（2）图纸规格：A3绘图纸（420mm×297mm）。

（3）每张图纸需要绘制标题栏、会签栏。其中标题栏包括图名、姓名、班级、日期等（具体格式参考图2-19、图2-20所示）。

（4）图线粗细有别，运用合理，文字与数字书写工整，文字采用长仿宋字体。

（5）采用绘图仪器和工具绘制。

思考与讨论：

1. 室内详图的表达内容有哪些？怎样确定详图的比例？

2. 通过任务的实施过程，总结室内详图绘制的经验。

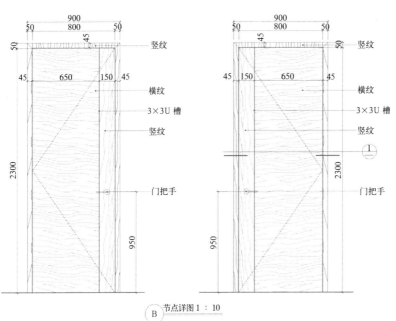

B 节点详图 1：10

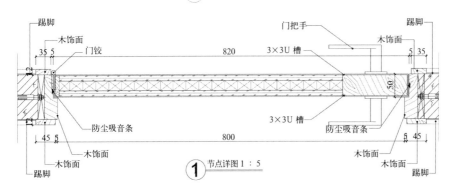

1 节点详图 1：5

图 9-9　定制门详图

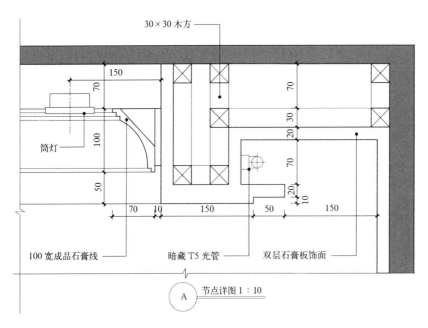

A 节点详图 1：10

图 9-10　顶棚详图

9.5 拓展项目

项目引入：

1. 项目名称：学生寝室室内设计及施工图绘制

2. 项目说明：以学生寝室为设计原型。对寝室进行测量，得到其基本数据情况，如房间内墙尺寸、层高、门窗洞口的长、宽、高，管道、通风口的尺寸等。根据以上测量所得尺寸，绘制寝室原始平面图。

结合原始平面图，对寝室进行简单的室内设计，并绘制相应室内设计施工图纸。

3. 项目任务：根据室内设计施工图制图要求，结合《房屋建筑制图统一标准》GB/T 50001—2010、《建筑制图标准》GB/T 50104—2010,完成以下任务：

任务1：寝室原始平面图测量与绘制。

任务2：寝室平面图绘制。

任务3：寝室立面图绘制。

任务4：寝室详图绘制。

4. 项目目标

(1) 通过对空间实际的测量，独立完成原始平面图纸绘制，从而加深对室内设计施工图形成原理的理解。

(2) 掌握室内设计施工图制图步骤及绘制方法。

(3) 掌握室内设计的表达方法。

项目实施：

1. 团队组成：2~4人为一组，共同参与设计、绘制施工图。

2. 图纸内容

(1) 室内平面布置图。

(2) 室内顶棚平面图。

(3) 室内地面铺装图。

(4) 室内立面图。

(5) 室内详图。

3. 图纸要求

(1) 根据图幅要求，比例自定。

(2) 图纸规格：A3绘图纸（297mm×420mm）。

(3) 每张图纸需要标题栏、会签栏。其中标题栏包括图名、姓名、班级、日期等。

(4) 图线粗细有别,运用合理,文字与数字书写工整,文字采用长仿宋字体。

(5) 采用绘图仪器和工具绘制。

(6) 完成图纸需要装订成册。

室内设计工程制图

10

教学单元 10　室内设计施工图识读与绘制

教学目标：

1. 掌握室内设计施工图的识读方法。
2. 了解中小型单一室内空间设计施工图绘制特点。
3. 熟练掌握室内设计工程图纸的制图标准。
4. 熟练掌握空间各界面的材料、构造知识，并能进行深化设计。
5. 能够独自完成单一空间室内设计施工图文件的编制。
6. 具有审核图纸的能力。

10.1 项目一：家居室内设计施工图的识图与绘制

项目引入：

1. 项目名称：我国 ×× 市某小区样板间室内设计施工图绘制

2. 项目说明

项目位于我国 ×× 市某住宅小区，使用面积42m²,层高4.4m,南北朝向（如图 10-1 所示）。

3. 项目任务：根据室内设计施工图制图要求，按照《房屋建筑制图统一标准》GB/T 50001—2010、《建筑制图标准》GB/T 50104—2010，结合原始平面图，完成以下任务：

任务 1：室内平面图识读与绘制。

任务 2：室内立面图识读与绘制。

任务 3：室内详图识读与绘制。

图 10-1 我国 ×× 市某住宅小区样板间原始平面图

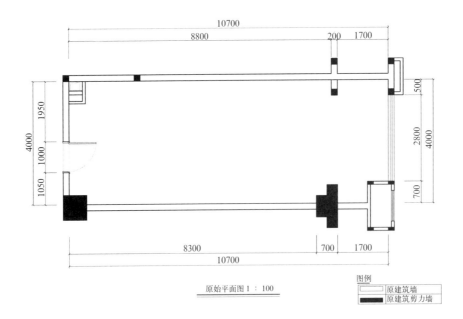

原始平面图 1：100

图例
□ 原建筑墙
■ 原建筑剪力墙

请注意：

最终项目成果需要学生们独立完成各室内界面设计工作，本单元室内设计施工图纸只作为参考，切勿照搬照抄。

4. 效果图参考

(a)

(b)

图 10-2　我国 × × 市
　　　　　某小区样板间
　　　　　参考效果图
(a) 客厅效果图；
(b) 卧室效果图

知识链接：

10.1.1 任务1：室内平面图识读与绘制

1. 室内平面布置图识读与绘制

(1) 室内平面布置图的识读

1) 首先浏览平面布置图中各房间的功能布局、图样、比例等基本情况。

2) 注意各功能区的平面尺度及家具等陈设品的摆放位置。

3) 了解室内平面布置图中的内视符号、图例、文字说明及其他符号的含义。

4) 识读各细部尺寸。

(2) 室内平面布置图的绘制

室内平面图布置图参考图10-3。

2. 室内顶棚平面图识读与绘制

(1) 室内顶棚平面图的识读

1) 在识读顶棚平面图前，应了解顶棚所在空间平面布置图的基本情况。在室内设计中，室内的功能布局、交通流线与顶棚的形式、底面标高都有着密切联系。

2) 识读顶棚造型、灯具布置及其底面标高。

3) 识读各细部尺寸。

4) 注意窗口有无窗帘盒及其制作方法并明确尺寸。

5) 注意顶棚平面图中有无顶角线及其制作方法。

6) 注意室外阳台、雨篷吊顶的做法及标高。

> **相关链接：**
>
> 在各类室内设计中我们发现，顶棚的造型五花八门，为美化室内环境、增强空间功能分区起到关键作用。在顶棚构造中，顶棚分为直接顶棚和悬吊顶棚(简称吊顶)，其中悬吊顶棚又分为叠级吊顶和平吊顶两种形式。因此，不同形式的顶棚在施工图绘制时需要注明标高，并作详图加以说明。
>
> 顶棚的底面标高是指将住宅所在楼层地面的相对标高定义为 ±0.000，装修完成后的顶棚表面距离楼层地面的高度。

---

(2) 室内顶棚平面图的绘制

室内顶棚平面图参考图10-4。

3. 室内地面铺装图识读与绘制

(1) 室内地面铺装图的识读

1) 首先浏览地面铺装图中各房间的地面铺设情况、图样等基本情况。

2) 注意各功能区的地面标高。

3) 了解室内铺装图中的符号及文字说明。

(2) 室内地面铺装图的绘制

室内地面铺装图参考图10-5。

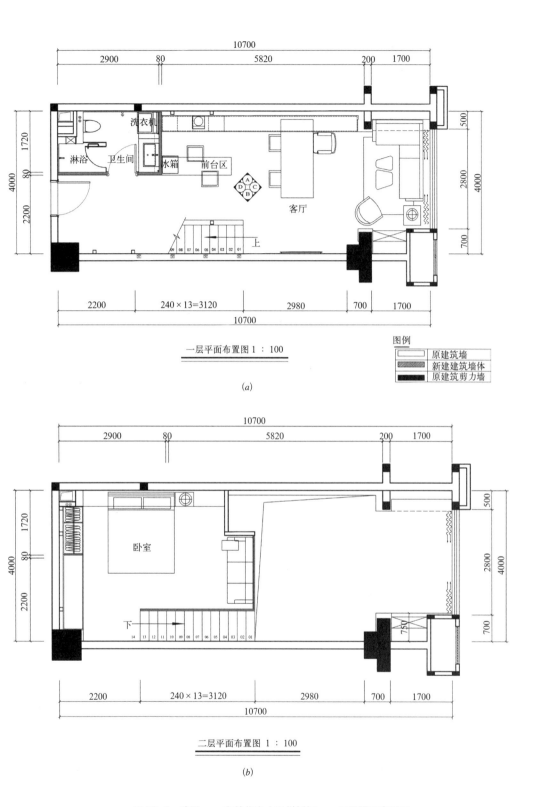

一层平面布置图 1：100

(a)

图例

	原建筑墙
	新建建筑墙体
	原建筑剪力墙

二层平面布置图 1：100

(b)

图 10-3　我国××市某住宅小区样板间一、二层平面布置图

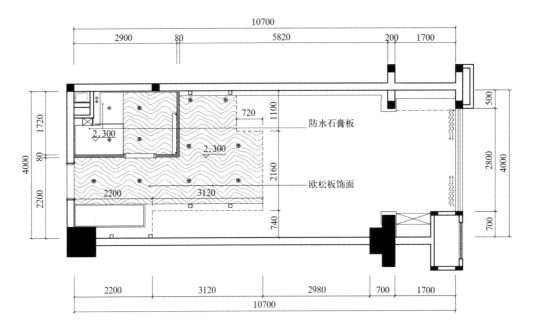

一层顶层平面图 1 : 100

(a)

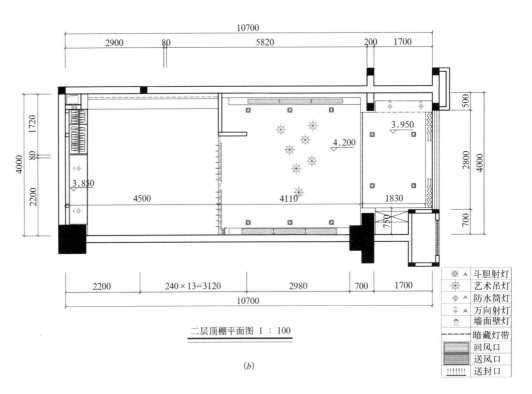

二层顶棚平面图 1 : 100

(b)

图 10-4 "我国 ×× 市"某住宅小区样板间一、二层顶棚平面图

(a) 一层顶棚平面图;(b) 二层顶棚平面图

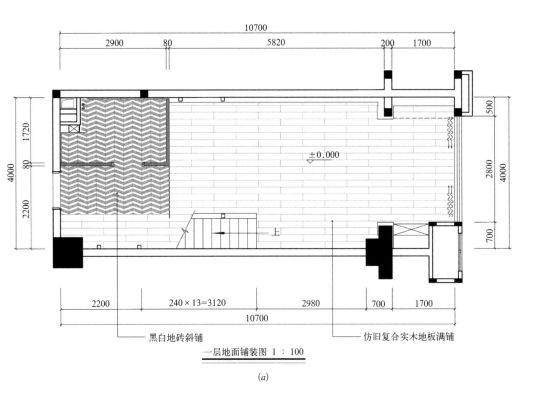

一层地面铺装图 1：100

黑白地砖斜铺

仿旧复合实木地板满铺

(a)

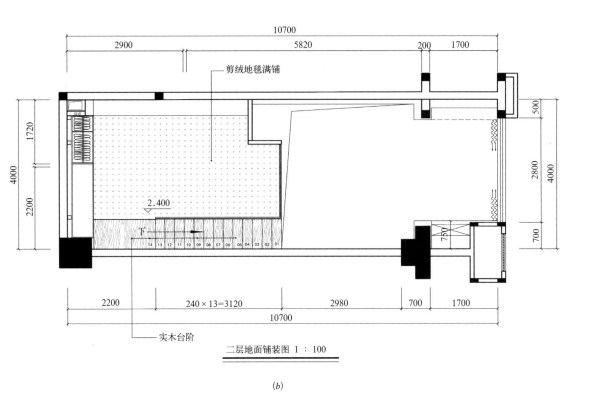

剪绒地毯满铺

二层地面铺装图 1：100

实木台阶

(b)

图 10-5 我国 ×× 市某住宅小区样板间一、二层地面铺装图

10.1.2　任务2：室内立面图识读与绘制

1. 室内立面图的识读

（1）首先确定所读室内立面图所在房间。

（2）根据室内平面布置图中内视符号指引方向,找到对应立面图进行识读。

（3）在平面布置图中明确该墙面有哪些固定设施及陈设品等,注意其位置、尺寸等。

（4）浏览所选立面图,了解其装修形式及其变化。

（5）注意墙面装修造型、所用材料、颜色、尺寸及作法等。

（6）查看立面标高、尺寸、索引符号及文字说明等。

2. 室内立面图的绘制

室内立面图参考图10-6。

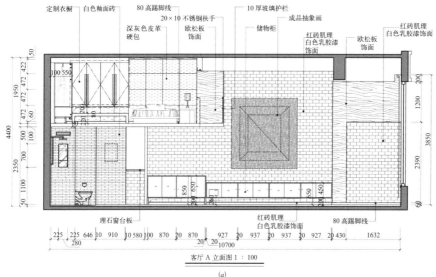

客厅A立面图 1：100

(a)

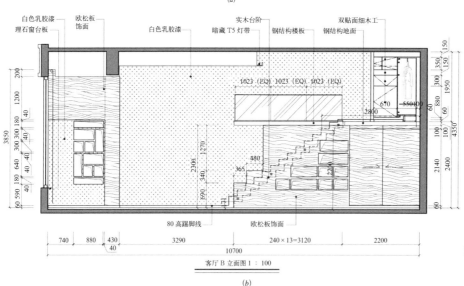

客厅B立面图 1：100

(b)

图10-6　我国××市某住宅小区样板间客厅立面图

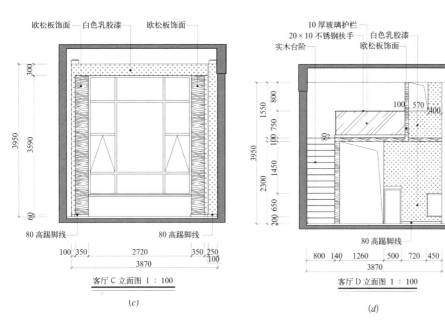

欧松板饰面　白色乳胶漆　欧松板饰面

3950
3590
300
60

80 高踢脚线　　　　80 高踢脚线

100　350　　2720　　350　250
100
3870

客厅 C 立面图 1：100

(c)

10 厚玻璃护栏
20×10 不锈钢扶手　白色乳胶漆
实木台阶　　　欧松板饰面

100　570　400
800
1550
1450
2300
650
200
100
750
80

3950

80 高踢脚线

800　140　　1260　　500　720　450
3870

客厅 D 立面图 1：100

(d)

图 10-6　我 国 ×× 市某住宅小区样板间客厅立面图（续）

10.1.3　任务 3：室内详图识读与绘制

1. 室内详图的识读

（1）首先找到详图符号所对应的索引符号。

（2）明确详图所表达的室内构件的基本信息，如墙柱面详图、顶棚详图、门窗详图等。

（3）明确详图的形成方式及比例。形成方式为投影图、剖面图、断面图。

（4）浏览详图，了解其各部件或零件的连接方式、安装方法等。

（5）查看文字说明、尺寸标注等。

2. 室内详图的绘制

室内详图参考图 10-7。

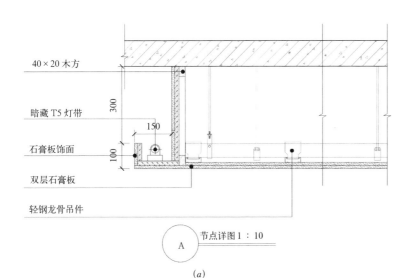

40×20 木方

300
暗藏 T5 灯带
150
石膏板饰面
100
双层石膏板
轻钢龙骨吊件

节点详图 1：10

A

(a)

图 10-7　我 国 ×× 市某住宅小区样板间详图

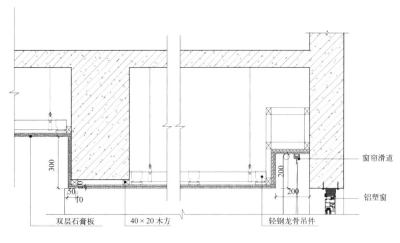

节点详图 1：10

（B）

（b）

图10-7　我国××市某住宅小区样板间详图（续）

窗帘滑道

铝塑窗

300

50

10

200

200

双层石膏板　　　40×20木方　　　轻钢龙骨吊件

项目实施：

结合我国××市某住宅小区样板间原始平面图（图10-1）及自己的设计想法，完成一套室内设计作品。

1．图纸内容

（1）室内平面布置图（1：100）。

（2）室内顶棚平面图（1：100）。

（3）室内地面铺装图（1：100）。

（4）室内立面图，可随意选择某一房间立面进行绘制，立面图不少于4个（1：50）。

（5）室内详图，比例自定。

2．图纸要求

（1）图纸规格：自行确定。

（2）每张图纸需要标题栏、会签栏。其中标题栏包括图名、姓名、班级、指导教师等。

（3）最终完成图纸需要装订成册。

（4）图线粗细有别，运用合理，文字与数字书写工整，文字采用长仿宋字体。

（5）正确的使用绘图工具。

10.2　项目二：会议室施工图识读与绘制

项目引入：

1．项目名称：我国××市地铁控制中心会议室施工图绘制

2．项目说明

我国××市地铁控制中心会议室使用面积78m²，可接待20人的会议（如图10-8所示）。

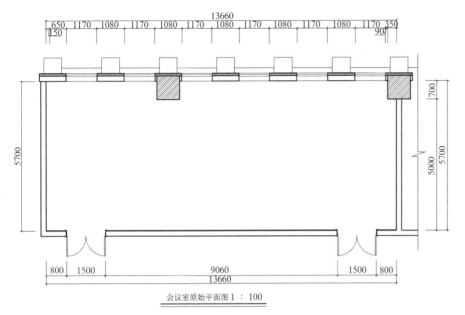

会议室原始平面图 1：100

图 10-8 我国 × × 市
地铁控制中
心会议室原
始平面图

3. 项目任务：根据室内设计施工图制图要求，按照《房屋建筑制图统一标准》GB/T 50001—2010、《建筑制图标准》GB/T 50104—2010，结合原始平面图，完成以下任务：

任务 1：会议室平面图识读与绘制。

任务 2：会议室立面图识读与绘制。

任务 3：会议室详图识读与绘制。

注意：

最终项目成果需要学生们独立完成各室内界面设计工作，本单元室内设计施工图纸只作为参考，切勿照搬照抄。

4. 效果图参考

图 10-9 我国 × × 市
地铁控制中
心会议室参
考效果图

知识链接：

以下为我国××市地铁控制中心会议室施工图参考图例，在教师的指导下完成以下图纸的识读，并参考图纸内容完成最终项目任务。

1. 室内平面布置图

室内平面布置图参考图 10-10。

2. 室内顶棚平面图

室内顶棚图参考图 10-11。

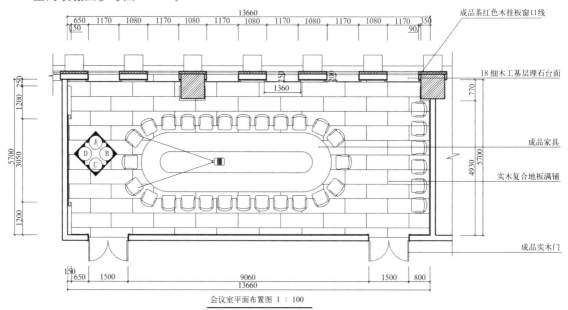

会议室平面布置图 1：100

图 10-10　我国 × × 市地铁控制中心会议室平面布置图

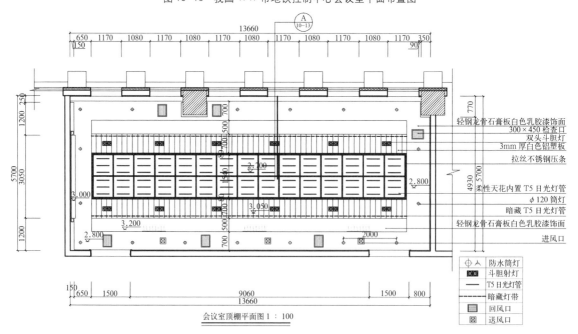

会议室顶棚平面图 1：100

图 10-11　我国 × × 市地铁控制中心会议室顶棚平面图

3. 室内立面图

室内立面图参考图10—12、图10—13。

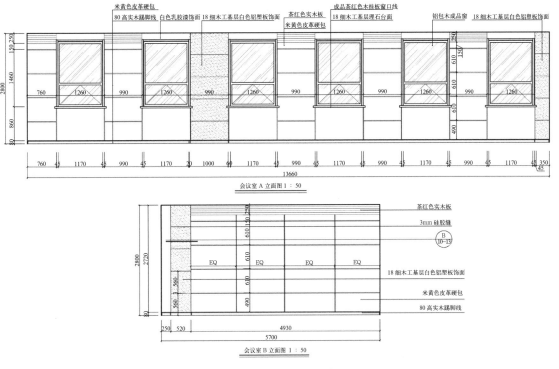

图 10—12　我国 ×× 市地铁控制中心会议室 A、B 立面图

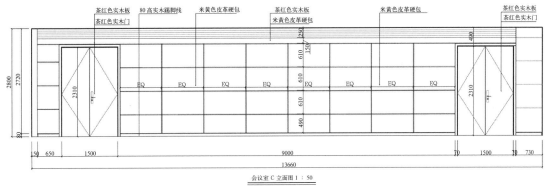

图 10—13　我国 ×× 市地铁控制中心会议室 C、D 立面图

4. 室内详图：

室内详图参考图 10—14。

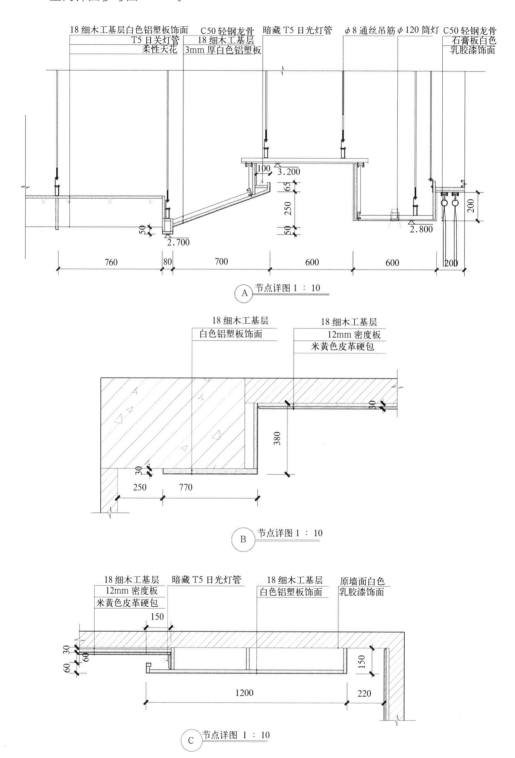

图 10—14　我国 ×× 市地铁控制中心会议室 A、B、C 节点详图

项目实施：

结合我国××市地铁控制中心会议室原始平面图（图10-1）及自己的设计想法，完成一套室内设计作品。

1. 图纸内容

（1）会议室平面布置图（1∶100）。

（2）会议室顶棚平面图（1∶100）。

（3）会议室地面铺装图（1∶100）。

（4）会议室立面图（1∶50）。

（5）会议室详图，比例自定。

2. 图纸要求

（1）图纸规格：自行确定。

（2）每张图纸需要标题栏、会签栏。其中标题栏包括图名、姓名、班级、指导教师等。

（3）最终完成图纸需要装订成册。

（4）图线粗细有别，运用合理，文字与数字书写工整，文字采用长仿宋字体。

（5）正确的使用绘图工具。

10.3 项目三：瑜伽教室施工图识读与绘制

项目引入：

1. 项目名称：我国 ×× 市某会馆瑜伽教室施工图绘制

2. 项目说明

项目位于我国 ×× 市，会馆使用面积 460m^2（图 10-15）。

3. 项目任务：根据室内设计施工图制图要求，按照《房屋建筑制图统一标准》GB/T 50001—2010、《建筑制图标准》GB/T 50104—2010，结合原始平面图，完成以下任务：

任务1：瑜伽教室平面图识读与绘制。

任务2：瑜伽教室立面图识读与绘制。

任务3：瑜伽教室详图识读与绘制。

注意：

最终项目成果需要学生们独立完成各室内界面设计工作，本单元室内设计施工图纸只作为参考，切勿照搬照抄。

---

4. 效果图参考

效果图参考图 10-16。

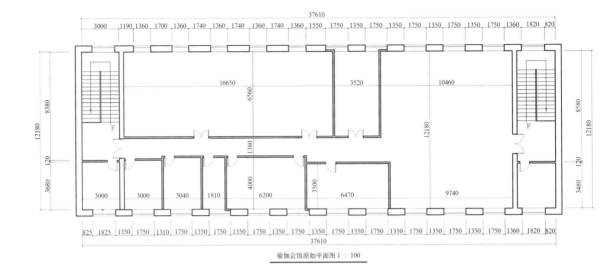

瑜伽会馆原始平面图 1 : 100

图 10-15 某瑜伽教室
原始平面图

(a)

(b)

图 10-16 瑜 伽 教 室
效果图

(a) 瑜伽教室效果图；
(b) 瑜伽教室入口效果图

知识链接:

以下为我国 ×× 市某瑜伽教室施工图参考图例,在教师的指导下完成以下图纸的识读,并参考图纸内容完成最终项目任务。

1.某会馆室内平面布置图

某会馆室内平面布置图参考图 10-17。

2.室内顶棚平面图

室内顶棚图参考图 10-18 所示。

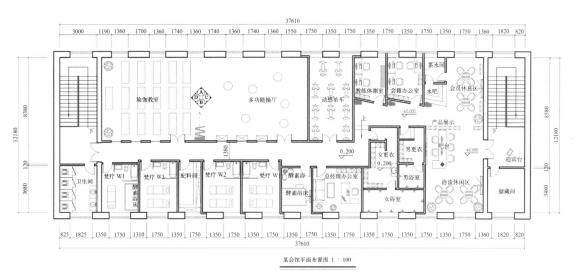

图 10-17　瑜伽教室平面布置图

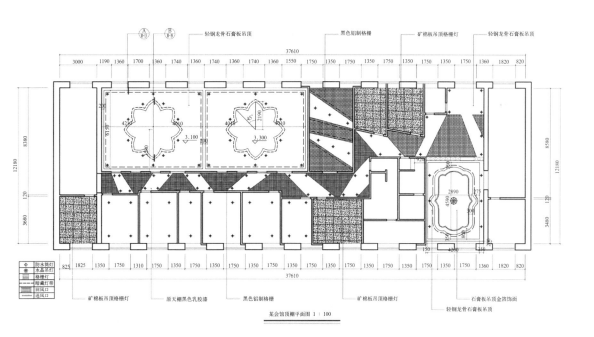

图 10-18　瑜伽教室顶棚平面图

3. 室内地面铺装图

室内地面铺装参考图 10-19 所示。

4. 室内立面图

瑜伽教室内立面参考图 10-20。

5. 室内详图

室内详图参考图 10-21。

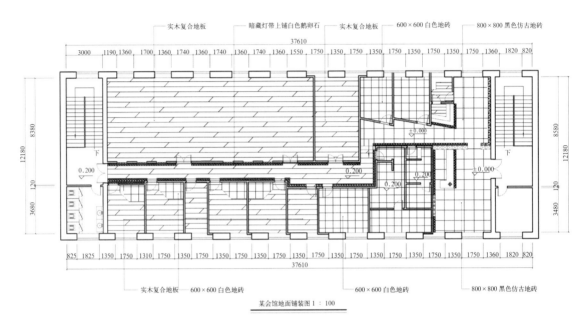

某会馆地面铺装图 1:100

图 10-19 某会馆地面铺装图

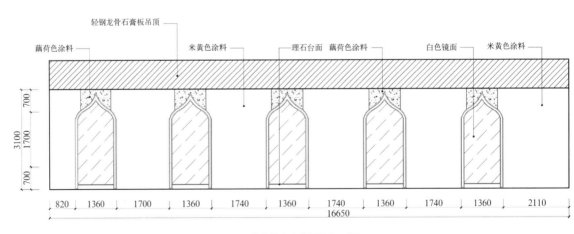

瑜伽教室 A 立面图 1:100

图 10-20 瑜伽教室立面图

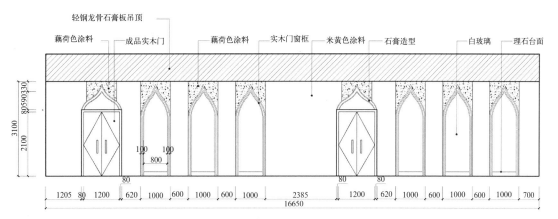

瑜伽教室 B 立面图 1：100

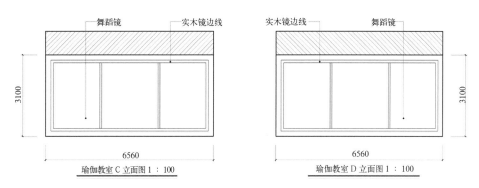

瑜伽教室 C 立面图 1：100　　　瑜伽教室 D 立面图 1：100

图 10-20　瑜伽教室立面图（续）

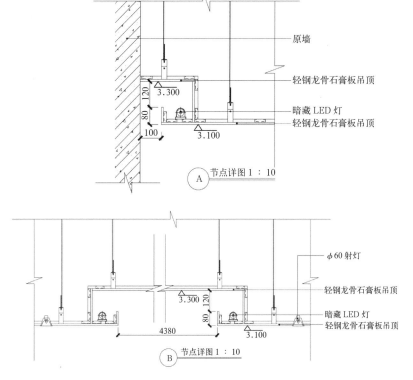

原墙

轻钢龙骨石膏板吊顶

暗藏 LED 灯

轻钢龙骨石膏板吊顶

A　节点详图 1：10

φ60 射灯

轻钢龙骨石膏板吊顶

暗藏 LED 灯

轻钢龙骨石膏板吊顶

B　节点详图 1：10

图 10-21　瑜伽教室详图

项目实施：

结合我国××市某会馆瑜伽教室室内施工图及自己的设计想法，完成一套室内设计作品。

1. 图纸内容

(1) 平面布置图（1：100）。

(2) 顶棚平面图（1：100）。

(3) 立面图（1：50）。

(4) 详图，比例自定。

2. 图纸要求

(1) 图纸规格：自行确定。

(2) 每张图纸需要标题栏、会签栏。其中标题栏包括图名、姓名、班级、指导教师等。

(3) 最终完成图纸需要装订成册。

(4) 图线粗细有别，运用合理，文字与数字书写工整，文字采用长仿宋字体。

(5) 正确的使用绘图工具。

10.4 拓展项目

项目引入：

1. 项目名称：学生教室室内改造设计及施工图绘制

2. 项目说明：以教室为设计原型，对教室进行测量，得到教室的基本数据情况，如房间内墙尺寸、层高；一些细部尺寸，如门窗洞口的长、宽、高，管道、通风口的尺寸等。根据以上测量所得尺寸，绘制教室原始平面图。

结合原始平面图，对教室进行简单的室内改造设计，并绘制相应施工图纸。

> **请注意：**
> 改造设计可以将原有的功能推翻，重新定义空间的使用内容。如将原有教室空间改变成为办公室、餐厅、健身房等。

3. 项目任务：根据室内设计施工图制图要求，结合《房屋建筑制图统一标准》GB/T 50001—2010、《建筑制图标准》GB/T 50104—2010，完成以下任务：

任务 1：室内原始平面图绘制。

任务 2：室内平面图设计与绘制。

任务 3：室内立面图设计与绘制。

任务 4：室内详图设计与绘制。

4. 项目目标

(1) 熟练掌握室内设计工程图纸的制图标准。

（2）通过对空间实际的测量，独立完成原始平面图纸绘制。

（3）掌握施工图绘制程序和绘制内容。

（4）掌握基本室内设计方法。

（5）了解各界面装饰材料、构造知识，并能进行深化设计。

项目实施：

1. 团队组成：2~4 人为以团队，共同参与设计及绘制施工图。

2. 图纸内容

（1）室内平面布置图（1 ∶ 100）。

（2）室内顶棚平面图（1 ∶ 100）。

（3）室内地面铺装图（1 ∶ 100）。

（4）室内立面图，可随意选择某一房间立面进行绘制，立面图不少于 4 个（1 ∶ 50）。

（5）室内详图，比例自定。

3. 图纸要求

（1）图纸规格：A2 绘图纸（594mm×420mm）。

（2）每张图纸需要标题栏、会签栏。其中标题栏包括图名、姓名、班级、指导教师等。

（3）图线粗细有别，运用合理，文字与数字书写工整，文字采用长仿宋字。

（4）采用绘图工具绘制。

参考文献

[1] 中华人民共和国住房和城乡建设部 . GB/T 50001—2010 房屋建筑制图统一标准 [S]. 北京：中国计划出版社，2011.

[2] 中华人民共和国住房和城乡建设部 . GB/T 50104—2010 建筑制图标准 [S]. 北京：中国计划出版社，2011.

[3] 中华人民共和国住房和城乡建设部 . GB/T 50103—2010 总图制图标准 [S]. 北京：中国计划出版社，2011.

[4] 国家技术监督局 . GB/T 14691—1993 技术制图字体 [S]. 北京：中国标准出版社，1994.

[5] 高祥生 . 装饰设计制图与识图 [M]. 北京：中国建筑工业出版社，2002.

[6] 刘军旭，雷海涛 . 建筑工程制图与识图 [M]. 北京：高等教育出版社，2014.

[7] 刘军旭 . 建筑工程制图与识图 [M]. 北京：高等教育出版社，2012.

[8] 朱毅，杨永良 . 室内与家具设计制图 [M]. 北京：科学出版社，2013.

[9] 彭红，陆步云 . 设计制图 [M]. 北京：中国林业出版社，2008.

[10] 管晓琴 . 建筑制图 [M]. 北京：机械工业出版社，2013.

[11] 方筱松 . 新编建筑工程制图 [M]. 北京：北京大学出版社，2012.

[12] 赵晓飞 . 室内设计工程制图实际应用技巧 [M]. 北京：中国建筑工业出版社，2011.

[13] 朱福熙，何斌 . 建筑制图 [M]. 北京：高等教育出版社，1998.

[14] 陈志华 . 外国建筑史 [M]. 北京：中国建筑工业出版社，2011.